The Series of Teaching and Learning Packaging Design
Teaching and Learning Packaging Rendering Picture

包装设计教与学丛书
包装效果图教与学

陈达强　编著

辽宁美术出版社

图书在版编目（ＣＩＰ）数据

包装效果图教与学／陈达强编著. -- 沈阳：辽宁美术出版社，2014.5
（包装设计教与学丛书）
ISBN 978-7-5314-6215-6

Ⅰ.①包… Ⅱ.①陈… Ⅲ.①包装设计-高等学校-教材 Ⅳ.①TB482

中国版本图书馆CIP数据核字(2014)第090565号

出 版 者：辽宁美术出版社
地　　 址：沈阳市和平区民族北街29号　邮编：110001
发 行 者：辽宁美术出版社
印 刷 者：沈阳市鑫四方印刷包装有限公司
开　　 本：889mm×1194mm　1/16
印　　 张：7.5
字　　 数：160千字
出版时间：2014年5月第1版
印刷时间：2014年5月第1次印刷
责任编辑：罗　楠　林　枫
封面设计：范文南　彭伟哲
版式设计：彭伟哲　薛冰焰　吴　烨　高　桐
技术编辑：鲁　浪
责任校对：李　昂
ISBN 978-7-5314-6215-6
定　　 价：59.00元

邮购部电话：024-83833008
E-mail:lnmscbs@163.com
http://www.lnmscbs.com
图书如有印装质量问题请与出版部联系调换
出版部电话：024-23835227

序 >>

　　时代的发展日新月异，设计领域的竞争甚是激烈，这就要求当今的设计师们出好方案、多出方案、快出方案。在效果图十分盛行的今天，设计效果图的表达是设计师的专业语言。包装设计师要不断地更新观念，掌握包装效果图的基本理论、设计方法和表现技法已势在必行。

　　包装效果图是继室内设计效果图、工业产品设计效果图、服装设计效果图之后近几年在我院包装设计专业开设的一门新型的专业必修课程，这在国内同等艺术设计院校本专业中开了先河，也填补了包装设计专业无效果图技法课程的空白，其目的是训练学生掌握各种包装效果图技法达到设计表现的能力，尤其是快速表达产品包装创意和构想的能力。

　　作为一种现代设计技法，包装效果图不仅涉及产品包装本身的功能、结构、材料、工艺、形态、色彩、表面处理与装饰以及与人相关、与生态环境相关、与工程学、美学、社会学的各个方面知识相关，同时，还涉及为推销产品和宣传企业所做的市场营销等方面的设计。

　　本书以设计表现技法为重点，共分编六章，即第一章包装效果图概述、第二章包装效果图的构成要素、第三章包装效果图绘制的工具与材料、第四章包装效果图的表现技法、第五章包装效果图表达训练方法、第六章包装效果图作品赏析。本书比较全面系统的介绍了包装效果图技法的基本体系，包含构思草图、概念效果图和电脑效果图三大主要学习内容，对各种技法结合图例作了详细讲解和步骤介绍，读者可循序渐进、深入浅出从中学习体会，力求做到"行百里者半九十"的要求，达到事半功倍的目的。本书努力实现以下特色：

　　第一，在体现设计发展进程中技法传承性的同时，将重点置于对技法本体内容的阐释和技法创新的探索上。因为极富创造力的设计本身就包含了技法的创新，往往也预示着新技法的出现。

　　第二，坚持理论的指导性，注重理论的总结、提炼和升华，理论结合实践，避免同类设计专业教材只是介绍技法层面上的表现情况，而做到更具针对性和专业特色。

　　第三，视觉设计的创造性与传达性不能只停留在对设计理论的掌握上，最终是要通过直观图形和图解思考的形式表现，本书采用了大量的学生习作原创图片，力求将创造性思维与表现性技巧合二为一。

　　第四，在课堂教学和设计实践过程中，强化对手绘学习和电脑应用，对学习者进行正确的设计观念的教育，使手绘设计和电脑设计二者形成互动、互补的正确关系，使设计艺术手段更加丰富与完善。

　　衷心地希望读者通过学习正确地掌握包装效果图的科学理论与方法，能在实践中加以创造性的应用，并不断汲取新知识，开拓新思想、新观念，积累新经验，在迎接未来的挑战中，使包装设计结出累累硕果。由于包装效果图技法目前尚处于一种探索研究阶段，希望本书的面世能起到抛砖引玉的作用。

作者

2012年5月于株洲

目录 contents

序

第一章
包装效果图概述

知识要点

介绍了包装效果图的概念、特点，以及包装容器的几种类型和包装效果图的技法种类，明确对包装效果图内容的认识。

教学目的

通过本章节的学习，旨在使学生理解包装效果图的含义及其特性，建立设计的思维方式和对包装效果图的基本认识，从而使包装设计效果图技法理念得到充分的完整体现，明确包装效果图课程在包装设计中的地位，熟悉包装效果图的包装容器基本分类形式。

教学重点

关于对包装设计师设计预想图和应具备综合知识的理解、科学技术因素和美学艺术因素区别和联系、手绘和电脑优缺点的区分。

第一章　包装效果图概述

第一节 ///// 概念

包装效果图是在透视图和正投影视图的基础上，运用各种表现技法对所要开发的未来包装的形态、色彩、材质等造型特征，进行综合设计表现的一种重要手段和形式。因为它是对新产品包装的设计预想，所以也常称之为产品包装设计预想图。

包装效果图作为传达设计信息、研究设计方案、提供评价依据的设计语言之一，不仅包含一定的科学技术因素，同时也包含着一定的美学艺术因素。设计师除了具备广博的工程和科学技术知识以及对社会、经济、文化和人类真正需求的深刻理解之外，一定的艺术修养、设计造型能力及熟练而高超的设计表现技能也是设计师得以充分施展创造潜力、完美实现设计、提高产品包装设计质量的基本保障。因此，有效地绘制包装设计效果图是设计师必要的基本功。

第二节 ///// 特点

（一）创意性

包装的设计过程是一个不断更新和创造的过程，在这一过程中的每一阶段所表现出的包装功能、结构和造型形态都要充分体现出全新的和与众不同的品质和规格。同时不同的设计构思又是通过设计效果图表现的可视形象来体现的，并在表现的过程中，各种设计方案不断地加以比较、互相启发和改进，最终完成设计。因此，效果图不仅是描述设计方案的技术手段，而且是激励造型构思、发展想象力的一种形象思维方式。

（二）说明性

包装效果图要对新包装的形、色、质等作全面深入的表现，它比设计简图更能真实、具体、完整地说明设计创意。在视觉感受上建立起设计者与观察者进行沟通和交流的渠道。说明性能明确表示产品包装材料的质感、色彩、造型、设计理念等。

（三）准确性

包装效果图尽管具有艺术表现的因素，但它不像一般绘画那样可以作主观随意的变形或夸张。效果图要受到表现对象的限制，必须真实、准确地说明设计方案，形体的比例、尺度、结构、构造等造型要素符合规律，空间气氛营造真实，形体与光影、色彩的处理都要遵从透视学和色彩学的基本规律与规范。可以说准确性是效果图的生命，绝不能脱离实际的尺寸而随心所欲地改变形体和空间。因此画面形象的表现技法和步骤更具理性化和程序化。

（四）广泛性

包装效果图是根据人的视觉规律在平面上表现立体物象的图样，因此比工程图样更直观和具体，使人可以一目了然地了解设计对象的状况和特点，所以效果图可具有更广泛的传达范围。

（五）简捷性

在设计过程中设计师往往需要在短时间内提出多种方案以供选择和发展。准确、迅速、快捷绘制地包装效果图，尤其是构思草图比费时费工的模型制作更显示出经济和高效的特点。

（六）艺术性

一幅包装效果图的艺术魅力必须建立在真实性和科学性的基础

上，必须建立在严格的艺术基本功的基础上。绘画方面的素描与色彩训练，构图质感及光感调子的表现，造型的塑造与点、线、面构成规律的运用及视觉图形的感受等方法与技巧，必须增强效果图的艺术感染力。在真实的前提下合理地适度夸张、概括与取舍也是必要的。因此，一幅包装效果图艺术性的强弱取决于表现者本人的艺术素养与气质。不同手法、技巧与风格的效果图可以充分展示作者的个性。每个设计师都以自己的灵性、感受去解读自己的设计构思，然后用最恰当、最具表现力的技法和艺术语言去阐释、表现包装设计的艺术效果。

（七）系统性

从确定设计与开发的目标开始到最终实现设计是一个以包装为研究中心的系统化设计过程。它始终将设计的全过程作为一个系统来对待，系统中的各个阶段都密切相关，而且在不同的设计阶段，设计效果图具有不同的传达功能和目的，因而也呈现出不同的表现层次和形式。通常将效果图设计过程分为4个阶段，即准备阶段、构思草图阶段、概念效果图阶段和电脑效果图完成阶段。

第三节 //// 类型

包装效果图表现的对象是各种包装容器，因此绘制包装效果图之前首先应了解包装容器的几种类型及其用途、材质特点等，包装容器主要有以下六大类型：

（一）纸品包装

目前纸的制造技术、加工技术、强化技术、复合技术及印刷技术都有快速的发展，不仅弥补了纸类材料性能的不足，而且还极大地扩展了纸包装的应用范围。伴随着绿色革命在全球范围的兴起，纸品包装将更加受到人们的青睐，并可持续地保持在包装工业中的首要地位。纸包装容器种类繁多，按其形体特征，可分为纸盒、纸箱、纸袋、纸杯、纸碗、纸罐、纸桶和纸浆模塑制品等。

（二）塑料包装

塑料材料的产生使包装技术及其设计上的新发展、新突破都发生在塑料领域，塑料的潜力正在被不断发掘。尽管由于环境污染的顾虑，各项调查不得不在全球铺开以确保塑料包装都被有效使用，但塑料包装的高效性、经济性和功能性的优势，无疑会在将来依然成为主要的包装形式。塑料包装按其结构和形状特征，可分为箱、桶、瓶、罐、盒、软管、袋和发泡制品等。

（三）玻璃包装

玻璃包装因具有不污染食物的特点而被广泛地用于食品及饮料包装。玻璃包装又因具有无味，具有很好的防酸、防碱性能和易回收等特点，也被广泛用于化工产品的包装。因而这一包装形式始终占有一席之地。玻璃包装材料从外观来分，可分为无色透明玻璃、有色透

图1-3-1 纸品包装容器

图1-3-2 塑料包装容器

图1-3-3 玻璃包装容器

图1-3-4 陶瓷包装容器

明玻璃和磨砂玻璃等。

（四）陶瓷包装

陶器包装是以铝硅酸盐矿物和某些氧化物为主要原料，按一定的配料比例，通过特定的成型、烧制工艺制作的硬质制品。由于陶瓷包

图1-3-5 金属包装容器

图1-3-6 木材包装容器

装在造型、色彩和质地上的韵致，使崇尚自然、追求古朴的人们对其宠爱有加。特别是21世纪，各国对环境保护的重视，也使其地位得以较好提升。陶瓷包装基本可以划分为陶器包装、瓷器包装和炻器包装三大类。

（五）金属包装

金属包装是通过对金属板材的加工获得，所用设备多而庞大，工艺复杂，生产成本高。但因其材料、结构上的原因，具有强度高、阻隔性能好、防潮、避光、外观独特、能回收利用等优点，金属包装在包装行业中仍占有重要地位。用于包装的金属材料主要有薄钢板、马口铁、铝箔、铝合金箔等。金属包装按形状可分为金属箱、金属桶、金属罐（三片罐、两片罐）、金属盒、铝箔袋、金属软管和金属喷雾罐等。

（六）木材包装

木质材料具有强度好，有一定的弹性，抗压性能高，能承受振

动、冲击，就地取材，加工方便，可以回收复用与再加工处理利用等优越特性，在包装中一直沿用至今，具有不可或缺的地位。木质材料是包装材料消耗最主要的大类，广泛应用于运输包装箱、桶，大型机械包装的框架与封闭材料，同时用于制作各类工艺品和精密仪器及高档食品的包装。

图1-3-7 木材包装容器

第四节 ///// 认识

近些年，我们能从铺天盖地的各类大奖赛中，特别是能从各设计公司设计的投标方案中看到到处充斥着电脑作品，表现的效果与制作的速度越来越快了，硬件与软件都比以前优化了许多，学生一入学便穿梭在各式各样的电脑软件培训班

里，不少学生对电脑绘图软件非常熟悉，而设计课程作业要求用手绘做方案草图时，就显得非常生疏和没有自信。这种现象确实引起我们思考：是掌握手绘表现技法重要还是学习电脑设计软件重要？这个问题没必要作深入讨论，很显然这两

者都是设计的表现形式，都是我们设计的一种工具，都有其优缺点所在。不应该孤立地来看待它们，而应该将这些技法的长处充分地认识并发挥出来，使它们能很好地为专业设计服务。手绘设计与电脑设计的目的是相同的，同为进行某种视

觉方式的传达，只是两者所采用的手段不同：从思维的角度来看，两者同为设计师展示的创造性思维，没有高低优劣之分。

在计算机技术飞速发展、普及并快速渗透到各个学科领域的今天，运用电脑提供的各项软、硬件技术的支持，给设计人员带来了方便、快捷的制图操作，可以随时对方案设计进行保存和修改，不仅大大缩短了设计制作的时间，节省了人力和物力，而且许多通过电脑制作表达的设计效果是传统手绘技法所无法达到的。这无疑是设计表现技术的革命，并已成为目前设计表现中所采用的最主要的表达方式。电脑的特点是设计精确、效率高、便于更改，还可以大量复制，操作熟练之后非常便捷。但随之而来的缺憾是在进行某些方面的设计时，难免比较呆板、冰冷、缺少生气，不利于进行更好的交流。在电脑绘图时代，电脑所具有的强大的制作功能可以代替传统手绘表现技法的许多工作。但是电脑毕竟不能代替人的一切，因为人的大脑要先提供创意构思，然后电脑才能完成设计效果的表达。所以，电脑适合于设计后期阶段方案确定以后的设计制作。

而手绘设计，特别是最初的设计构思草图，通常是作者设计思想初衷的体现，能及时捕捉作者内心瞬间的思想火花，并且能和作者的创意同步。在设计师创作的探索和实践过程中，手绘可以生动、形象地记录下作者的创作激情，并把激情注入作品之中。因此，手绘的特点是能比较直接地传达作者的设计理念，作品生动、亲切，有一种回归自然的情感因素，手绘设计的作品有很多偶然性，这也正是手绘的魅力所在。但手绘一张完整、细致的概念效果图也比较耗时耗力，不能保证张张作品都有品质，一旦画错就不好修改，这是手绘设计的缺点所在。在课堂教学中应把手绘效果图当做电脑设计的基础来看待和训练。因此，最好的方法是将两种技法结合表达：设计创意的初始阶段用手绘画构思草图，后期阶段用电脑制作精细效果图。

第五节 ////// 技法种类

效果图的发展分三大阶段：

第一阶段是水粉、水彩、透明照相色、喷绘、丙烯等画法（湿性画法）；

第二阶段是马克笔粉彩画法（干性画法）；

第三阶段是钢笔彩铅画法加电脑（干性画法）。

目前，在包装效果图领域主要有以下几种常用技法：

1. 手绘。包括彩色铅笔表现技法、马克笔表现技法、马克笔色粉表现技法、钢笔淡彩表现技法、水彩表现技法、水粉表现技法等。

2. 电脑。电脑绘画表现技法。

现阶段最实用的方法是：用钢笔彩铅法、钢笔马克笔法快速画出构思草图方案，然后用电脑绘出精确的效果图并完成细部设计。由于设计草图表达使用彩色铅笔、彩色粉笔、马克笔等干性媒介工具，而马克笔溶剂一般为油、酒精，快干易挥发，不会出现像水彩、水粉等水性溶剂的纸张发皱需长时间晾干的情况，故具有速干、透明、亮丽、表现力强等特点。使用该技法是目前现代设计技法发展的趋势。

包装效果图又叫包装设计草图，其表达方式分为三类：即构思草图、概念效果图、电脑效果图。如图1-5-1至图1-5-3所示。对这三类设计草图概念的解释、用途、作画步骤等具体内容在本书第四章节中都逐一地作了详细介绍。

图1-5-1 概念效果图/学生习作/陈彦如　　　图1-5-2 构思草图/学生习作

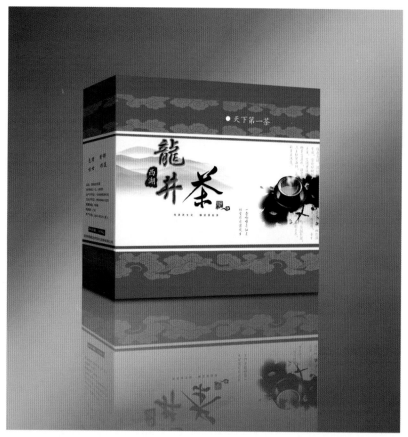

图1-5-3 电脑效果图/学生习作/刘亚

课堂习题:

习题一:

谈谈包装效果图的特点有哪些。

习题二:

对当今电脑技术高度发展下的包装效果图学习的认识。

第二章
包装效果图的构成要素

知识要点

包装效果图的调子、透视、线条、色彩和材质的构成要素对画面产生的效果作用。

教学目的

本章节主要是对包装效果图构成要素的学习和认识，旨在要求学生综合掌握所学知识，在充分理解包装效果图的各种构成要素的基础上，解决包装效果图技法的审美与创造、设计与表现方面的能力。

教学重点

如何理解物体明暗变化的规律、把握透视关系的原则、区分各种材料的性能。

第二章 包装效果图的构成要素

第一节 ///// 光、影、调子

如果没有光，世界将一片黑暗，正因为有了光，世界在我们的眼里丰富多彩、五光十色。由于光线的作用，物体就有了明暗变化，明暗变化能体现物体的体积感和空间感。光线一般分为自然光与人工光，自然光来自太阳的光线，人工光是人造物发出的光线。光线使物体产生丰富的调子，一个球体仅用线条画个圆圈表达不出它的立体形态，必须用明暗调子才能表现其立体感。

在光线的照射下，物体不同方向和角度的表面受光不一样，故呈现出不同的明暗层次。物体的明暗变化可细分为三大面，有受光部分的最亮面、次亮面、背光部分的暗面之分，即素描中统称的"三大面"（亮、次亮面、背光面）。因此，在描绘物体时，应根据光线对

三大面照射的角度不同，分别施以亮、灰、暗三个色调。如图2-1-1所示。

除物体的亮、灰、暗三种色调之外，还有最亮的高光和暗面中的反光，因而形成了更多的色调变化。这种现象在圆球体和曲面中尤为明显。由于球体上每一部位接受光线的角度是渐变的，因此，在曲面上呈现出由灰到亮而到高光，再由高光到亮而到灰，接着转到明暗分界线处而表现最暗，最后由于反射光线的作用又呈现出逐渐变亮的转化。这里所说的亮、灰（次亮）、明暗交界线、暗和反光，在素描中统称为"五调子"。在五调子的基础上再加上高光和投影（阴影）就是"七层次"，即高光、亮、次亮、明暗交界线、次暗、反光、投影。如图2-1-2所示。

在设计草图里，为了便于程式化表现，我们假设一种光源：从物体的左上角45°投射而来的平行光源。

在构思草图中，最为重要的是高光与明暗交界线，明暗交界线是表达物体立体感的关键。任何复杂的物体都可以分解成基本的几何体，包装的造型大都也是几何形体。一般画法为：留出亮面，画出明暗交界线，再画阴影。投影可以营造画的真实感和重叠感，还可以起到烘托主体的作用。画阴影时不一定要完全依其实际投影的理论画法，快速草图主要依画面效果而定。各分解成基本的几何体画法如图2-1-3至图2-1-4所示。与构思草图相比，在概念效果图中表达物体更为深入、完善、真实，立体感更强。

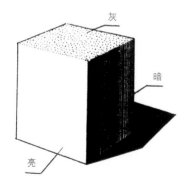

图2-1-1 三大面立方体示意图

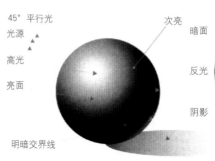

图2-1-2 球体受光的光影色调图

图2-1-3 球体受光的光影色调草图

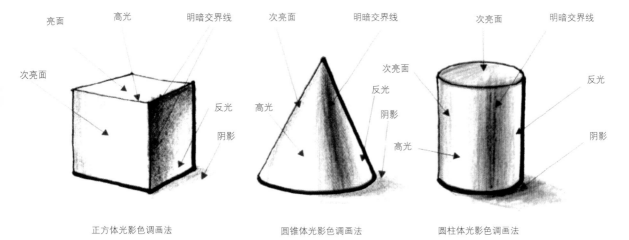

正方体光影色调画法　　　　　圆锥体光影色调画法　　　　　圆柱体光影色调画法

图2-1-4 各种几何体受光的光影色调草图

第二节 ///// 透视

　　由于人眼的视觉作用，周围世界的景物都以透视的关系映入人们的眼帘，使人能感觉到空间、距离与物体的丰富形态。在现实日常生活中，人们平时观察景物时，总是有近大远小的感觉，这种感觉称为"透视现象"。你会看到这样的景象：一排排由近及远路边的树木或街灯电杆，最远处渐渐消失到一点，近大远小、近粗远细、近疏远密、近实远虚，如图2-2-1至图2-2-4所示。透视图就是能够反映透视现象的图形。它可以像照片一样，给人以逼真的空间感，符合人的视觉习惯，故此，用来表现产品包装形态的真实效果就十分适宜。透视图不仅被广泛地应用于建筑设计、室内设计、工业设计等方面，而且在包装设计中绘制包装效果图也主要采用这种方法。

　　包装设计中使用的透视法是把映入人们眼睛的三维世界在二维的平面上加以表现的方法。包装设计师在设计产品包装，并通过效果图向他人传达时，透视图是极其重要的手段。所以，学好透视是包装设计师画好效果图必须学习掌握的技术之一。

　　按照物体与画面所处的不同相对位置，把透视分为三种透视。即一点透视、二点透视和三点透视。包装效果图运用最多的是一点透视和二点透视。因观察物体的角度不同，所看到的物体形状透视也不一样。

（一）一点透视（有一个消失点P1）

　　由于一点透视物体的一个主面的一个平面平行于画面，所以也

图2-2-1 街景透视图

图2-2-2 电线杆透视示意图

图2-2-3 街道路边树木透视图

图2-2-4 树木透视示意图

叫做心点透视、正面透视或平行透视。一点透视作图较简便，常用来表达一个主平面形状较复杂、其他面形状较简单的物体。

（二）二点透视（有两个消失点P1、P2）

二点透视物体的两个主平面均与画面成倾斜位置，因此也叫做成角透视。二点透视能较全面地反映物体的几个面的情况，且可根据构思和表现的需要合理地选择角度，透视立体感较强，故为包装效果图中应用最多的透视类型。

画一件包装，首先要选好视角，即在什么角度观看能最大限度地表达包装的特征。由于透视法较难也费时，在构思草图里除了采用一点透视

和二点透视之外，会常用视图画法（不考虑透视关系），而在概念效果图中应用透视较多，多采用透视图法，这种透视图法是通过熟练地判断视点、灭点等来绘制的方法，因其具有迅速准确的特点，成为包装设计师应使用的透视图法，通过这种透视图可完成包装设计概念效果图。下面介绍在绘制包装设计概念效果图时采用的两种简单正确的45°透视法和30°－60°透视法。

■ 45°透视法（2距点透视法）

45°透视法是产品包装的正面与侧面大小基本相等，且都需要表现的透视图。

⑴画一条水平线（视平线），定出线上的消失点VPL和VPR。

⑵找出VPL和VPR的中点VC。

⑶由VC向下引垂线。

⑷由VPL、VPR可向垂线上的任一点引透视线，由此可决定立方体最近的一个角N。

⑸作与点N任意距离的水平对角线，交透视线于点A、B。

⑹由A、B分别向VPR、VPL引透视线，得到立方体的底面透视图。

⑺由底面（透视正方形）的各角画垂线。

⑻将点B绕点A逆时针旋转45°得到点X。

⑼通过点X引水平对角线，求得立方体的对角面。

⑽通过各点引透视线得到立方体的顶面，从而完成立方体。

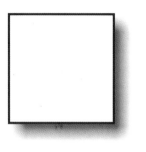
图2-2-5 人在物体的正面

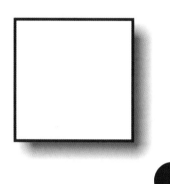
图2-2-8 人在物体的侧面

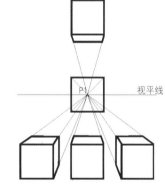
图2-2-6 一点透视示意图

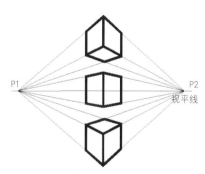
图2-2-9 二点透视示意图

图2-2-7 采用一点透视画的构思草图

图2-2-10 采用二点透视画的构思草图

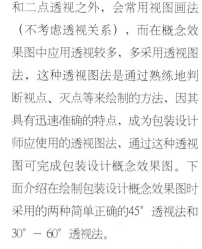

■ 30°—60°透视法（2余点透视法）

30°—60°透视法常应用于产品包装需要分别表现主次面时的透视图。

(1)画一条水平线（视平线），定出线上的消失点VPL和VPR。

(2)找出VPL和VPR的中点MPY为测点。

(3)定出MPY和VPL的中点VC。

(4)定出VC和VPL的中点MPX为测点。

(5)从VC向下引垂线，在适当位置定出立方体的最近角N。

(6)通过N引出水平线ML为基线。

(7)定出立方体的高度NH。

(8)以N点为中心，NH为半径画圆弧交基线ML于X和Y点。

(9)由N点向左右的消失点引出透视线，并同样作出由H点引出的透视线。

(10)连接MPX与X、MPY与Y，得到与透视线的交点。透视线和其交点决定了立方体的进深。

(11)从立方体底面的4个顶点分别画出垂线，从而完成立方体。

（三） 三点透视（有三个消失点P1、P2、P3）

由于三点透视物体的三个主平面均与画面倾斜，则画面与基面成倾斜位置，所以又称之为斜透视。如图2-2-13所示。三点透视常用于加强透视纵深感，表现高大物体，主要应用于建筑设计。由于该方法作图较繁，在包装设计实践中应用较少。

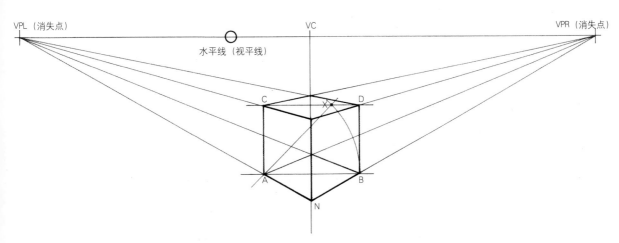

图2-2-11 45°透视法示意图

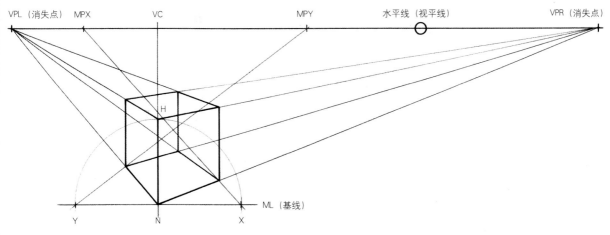

图2-2-12 30°—60°透视法示意图

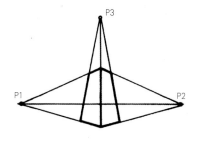

图2-2-13 三点透视示意图

（四）透视规律

定量求解透视的技术性较强，初学者难于掌握，透视在设计草图中只需定性了解其原理，记住其规律即可。透视的规律：近大远小、近粗远细、近疏远密、近宽远窄、近实远虚。初学者画包装容器的透视容易犯的错误如图2-2-14至图2-2-16所示：

视平线

错误透视线

错误透视线

（错误画法）

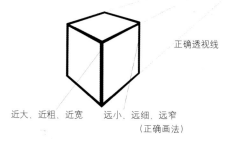

视平线

正确透视线

正确透视线

近大、近粗、近宽　　远小、远细、远窄

（正确画法）

图2-2-15 方形二点透视错误画法与正确画法示意

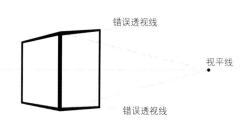

错误透视线

视平线

错误透视线

（错误画法）

正确透视线

视平线

正确透视线

近大、近粗、近宽　远小、远细、远窄

（正确画法）

图2-2-14 方形一点透视错误画法与正确画法示意

透视太正　　　　透视太偏

（错误画法）

透视适度

（正确画法）

图2-2-16 圆形瓶盖错误画法与正确画法示意

第三节 ///// 线条

形是设计草图表达的基础，形的要素包括：线、光、影。三要素中线最为重要，线是立体的框架，光和影的表达是为线服务的。透视的准确性、结构表达的正确性以及线条的表现力是决定线条好坏的标准。

线是最具表现力的语言，是图形的筋骨，是图形的精髓。不同材质的物体，线的表达是不一样的。不同线条的运用会产生不同的视觉效果，严谨刚劲的线和松弛自由的线会形成不同的情趣和性格。

（一）各种线条的性格

直线性格为：冷、静、力度、男性化；曲线性格为：暖、动、柔美、女性化。

根据线条的这种性格特点，在设计某些容器包装如男性香水瓶时一般多采用直线为主，而在设计女性化妆品时一般多采用曲线为主，这样才会给人以情感上的认同。如

图2-3-2、图2-3-3所示。

（二）各种线条类型的处理

产品包装一般使用的材料为纸材、玻璃、陶瓷、塑料、金属等，故构思草图和概念效果图的线条表达必须肯定、流畅、简洁、明快，落笔尽可能干脆、一气呵成，不拖泥带水。笔触应有适当的粗细变化、方向变化、长短变化。笔触运用的趣味性可以增强画面的生动性和艺术感染力。适当地运用粗细线的对比、虚实线的对比、软硬线的对比都会产生生动的表达效果。

1.徒手线

徒手线柔和而富有生机，可以很快地勾勒出小尺度的物体，它能充分调动人的右脑，使设计表现更富有创造力。在构思草图中用得较多。（如图2-3-4）

图2-3-2 男士香水瓶手绘草图

图2-3-3 女士化妆品手绘草图

直线　　　　　　　　曲线

图2-3-1 直线和曲线示意

图2-3-4

2.轻柔线

轻柔线边缘柔和、颜色轻浅，与颜色很深、轮廓分明的线条形成对比，当作品完成时，轻柔的线条成了物体的一部分。（如图2-3-5）

3.变化线

变化线是一条粗细深浅都发生变化的线，它使画面显得很有立体感和真实感。（如图2-3-6）

4.机械线

机械线是使用工具画出来的线条，干净利落，快速而精确，适合表现直而硬的产品包装。在刻意草图和概念效果图中用得较多。（如图2-3-7）

5.重复线

重复线是通过重复主线，以使物体产生三维效果，使物体具有厚度感。由此激发绘图者的想象力。（如图2-3-8）

6.结构线

结构线轻而细，用于初步勾勒物体轮廓框架。（如图2-3-9）

7.连续线

连续线是一条快速绘出的、不停顿的线，用于快速勾勒物体轮廓。（如图2-3-10）

8.3D线

粗细两条线离得很近时会产生三维效果，有助于提高画面质量。（如图2-3-11）

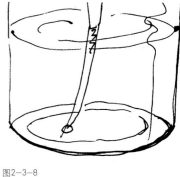

图2-3-8

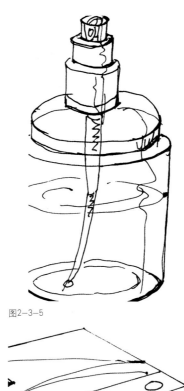

图2-3-5

图2-3-9

图2-3-6

图2-3-10

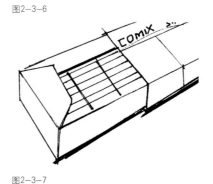

图2-3-7

图2-3-11

9. 强调线

强调线用来强调物体的轮廓，比较突出、随意，一般很少用在精细的作品中，也叫轮廓线。（如图2-3-12）

10. 出头线

出头线使形体看上去更加方正、鲜明而完整。画出头线容易快捷，可以使绘图显得更加轻松而专业。（如图2-3-13）

11. 粗线

粗线是指对物体的暗部、轮廓、阴影进行加粗的线条，有助于快速完成大体画面，使用粗线可产生有层次感、光滑的画面效果。（如图2-3-14）

12. 细线

使用细而轻的线条用来填充调子，可以使画面变得柔和而生动。适合表达精细的容器包装。（如图2-3-15、2-3-16）

13. 条纹线

条纹线用来刻画趣味中心，表现高光、深度及动感，打破呆板，也可用来表达阴影和斜坡，条纹线也可能使画面效果更加流畅、丰富。（如图2-3-17）

14. 专业点

快速绘图时经常产生专业点，它使线条产生动感与活力，同时表示一段线条的完结，类似于句子中句号的作用。（如图2-3-18）

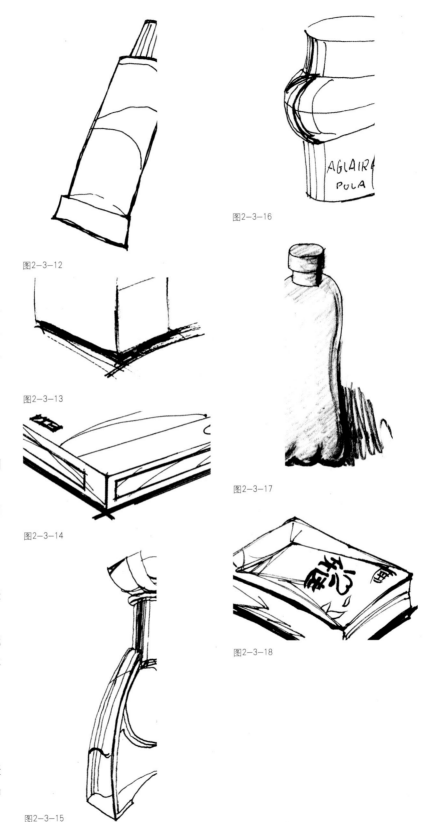

图2-3-16

图2-3-12

图2-3-13

图2-3-17

图2-3-14

图2-3-18

图2-3-15

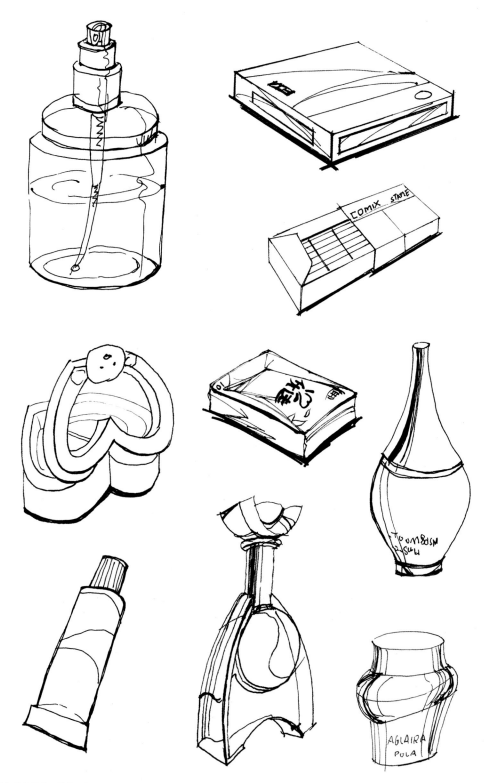

图2-3-19　各种包装容器草图线条图例

第四节 ////// 色彩

包装效果图的色彩是属于设计色彩范畴，不同于一般的写生色彩，无须画太多的环境色和条件色。画好包装效果图的色彩应把握好以下三点：

（一）色彩的统一

统一而和谐的画面色彩主要取决于两个方面的因素：一是要有个明确的主色调，作为主宰和统一整个画面的基调；二是各种色块之间要呼应与联系。如图2-4-1、图2-4-2所示。

（二）色彩的对比

具有对比效果的画面是包装效果图的重要色彩表现形式，它具有突出包装形象及使画面丰富、多彩的作用。色彩对比主要包括色相、明度、纯度等方面的对比。这些对比除由包装本身色彩设计中所决定的对比关系外，更主要地体现在包装色与画面背景色之间的对比关系。如图2-4-3所示。

（三）色彩的层次表现

色彩的层次是指在形体的同一平面或曲面上，由明到暗或由暗到明的一种渐变效果，也常称为退晕表现。这种明暗色调的变化均匀平缓，没有突然而明显的界限或跳跃，是十分微妙的过渡。色彩的层次表现对真实物体的体积感、空间感和光感都具有十分重要的作用。

图2-4-1 构思草图／学生习作／刘莉

图2-4-3 构思草图／学生习作／吴湘君

图2-4-2 概念效果图／学生习作／雷志润

图2-4-4 概念效果图／学生习作／许艳红

这点在概念效果图中表现得尤为明显。层次越多，物体的立体感、真实感越强。如图2-4-4 所示。

形成色彩层次变化的客观因素有两方面：一是透视因素，即近处物体看上去清晰，色感鲜明，而远处的物体则显模糊，色感减弱，即形成远近的变化层次；二是反光的作用，在物体的背光面，距离反射媒体较近的部分显亮，随着距离变远而反光亮度也减弱，从而也形成明暗变化层次。

第五节 //// 材质

产品包装由材料构成，质感是材料给人的视觉反映，不同的材料和不同的表面工艺处理会产生不同的质感效果。人们对质感的反应，往往不是靠感觉，而是靠以往的视觉经验来获得。材料的质地有粗细、硬软、松紧、透光与不透光、反光与不反光等区别，除了表现物体固有色之外，对物体透光和反光程度的描绘是表达材质最主要的方法。

（一）不反光不透光材料（纸材、亚光塑料、木材、丝物、皮革等）

1.纸材

特点：吸光均匀、不反光。

表达技巧：表达软质材料时，着色均匀，线条流畅柔和，明暗对比柔和，几乎不强调高光。表达硬质材料时，块面分明、结构清晰、线条挺拔明确，光影明暗表达柔和。一般用彩铅、色粉、马克笔、水彩来表达。

2.塑料

特点：塑料因表面处理工艺的不同，有半反光和亚光两种效果，表面肌理均匀温和，明暗反差没有金属材料强烈，尤其是亚光效果的表面。

表达技巧：注意黑白灰柔和的对比，半反光效果用马克笔或彩铅、水彩，亚光效果最好用彩铅、水彩表达。

3.木材

特点：吸光均匀、不反光、表面有材质纹理显现。

表达技巧：表达硬质材料时，块面分明、结构清晰、线条挺拔明确，并表达纹理特征，光影明暗表达柔和，不强调高光。一般用彩铅、色粉、马克笔、水彩来表达。

（二）反光且透光材料（玻璃、有机玻璃、透明材料、半透明材料等）

1.玻璃

特点：具有反射和折射光、高光强烈、边缘清晰，光影变化丰富、透光。

表达技巧：借助于环境底色或包装容器本身内部结构，画出容器包装的形态和厚度，强调物体轮廓与光影变化，强调高光，适当绘出物体的内部透视线、结构线和零部件，表达反光透明的特点。一般以马克笔、水彩表达为好。

2.透明体

特点：具有反光和折射光、光影变化丰富、透光。

表达技巧：画出产品包装的形态和厚度，强调物体轮廓、明暗交

图2-5-1 纸盒包装材质的表达/学生习作/何凡

图2-5-2 纸盒包装材质的表达/学生习作/刘峰

图2-5-3 塑料包装材质的表达/学生习作/刘靖

图2-5-4 木包装材质的表达

图2-5-5 木包装材质的表达/学生习作/康景轩

图2-5-6 玻璃包装材质的表达/学生习作/董少华

图2-5-7 透明包装材质的表达/学生习作/虢力靖

图2-5-8 陶瓷包装材质的表达/学生习作/柯新民

图2-5-9 陶瓷包装材质的表达/学生习作/肖雪

图2-5-10 金属包装材质的表达/学生习作/吴彬

图2-5-11 金属包装材质的表达

图2-5-12 不透明塑料包装材质的表达/学生习作/袁野

界线与光影变化，注意处理反光部分，尤其注意描绘物体的内部透视线和零部件，表达透明的特点。一般以马克笔、水彩表达为好。

（三）反光不透光材料（陶瓷、抛光金属、不透明塑料等）

1.陶瓷

特点：产品包装中常常会使用陶瓷，反光强烈，易受环境色的影响，在不同的环境下，呈现不同的明暗变化。

表达技巧：明暗过渡强烈、高光留白不画，加重暗部处理，笔触整齐规则、干净利落。一般用彩铅、色粉、马克笔、水彩表达。

2.金属

特点：强度高、质地细腻、光洁度高。

表达技巧：强调明暗反差，光影对比，用马克笔、水彩表达为好。

3.不透明塑料

特点：明暗反差较强烈，尤其是反光效果的表面。

表达技巧：注意明暗的对比，反光效果用马克笔、彩铅或水彩表达为好。

课堂习题：

习题一：
构成包装效果图的表现效果因素有哪些？包装效果图的构成要素包含哪些内容？

习题二：
如何理解物体的明暗关系？

知识要点
了解和准备包装效果图各种画法所需的工具与材料。

教学目的
本章节主要是介绍包装效果图技法所需的各种工具与材料的内容，其目的旨在要求学生学习、熟悉和熟练掌握绘制包装效果图的各种现代表现技法工具与材料的使用与应用能力，为下一步课程学习，解决效果图造型的审美、创造和设计与表现方面的能力作基础准备。

教学重点
如何熟悉、掌握和使用好工具材料是画好效果图的前提条件。

第三章
包装效果图绘制的工具与材料

第一节　手绘工具与材料

第二节　电脑与应用软件工具

第三节　效果图的装裱

第三章　包装效果图绘制的工具与材料

古人云：工欲善其事，必先利其器。一个做手工或工艺的人，要想把工作完成，做得完善，应该先把工具准备好。说明做事之前备好工具材料有多么重要。工具特性的不同会产生不同的表达技法，因此，对工具材料性能的研究，熟练掌握各种工具的特性是设计师画好效果图的前提。包装效果图表现技法常用手绘工具材料和电脑工具介绍如下：

第一节 //// 手绘工具与材料

（一）钢笔彩铅、钢笔马克笔、色粉技法使用的工具与材料

1.笔类

(1)钢笔

水性纤维头黑色签字笔（0.1或0.2画细线，0.5画粗线，在使用上可隔号使用，德国进口的品种型号最好，不退色，绘图时手感较好）。

针管笔（根据笔头的粗细可分为0.05、0.1~1.0mm的不同型号，在使用上可隔号使用）。

金(银)签字笔(主要用于在较深色底上写字或画线)。

(2)马克笔

油性马克笔（以甲苯和三甲苯为主要颜料溶剂，因其价格昂贵，味道刺鼻，蒸发性强，且不易和其他颜料相溶，所以未普遍使用）。

水性马克笔(酒精型)，灰色系列（深、中、浅各备一支），亮丽系列（红、黄、蓝、绿、紫各备一支），马克笔用于画构思草图和概念效果图，建议初学者使用。

双头(粗细)黑色油性马克笔（画深色部分或阴影部分）。

单头黑色油性（水性）马克笔（有条件可备一支）。

(3)铅笔

铅笔(H、HB，上稿打轮廓时用)。

非水溶性彩色铅笔(36色或24色，主要用于画构思草图或与色粉、马克笔配合在画概念效果图时使用)。

水溶性彩色铅笔(36色或24色，含蜡较少，画出的色彩艳丽，不同色彩叠加，可以画出丰富微妙的层次。可以用棉球与橡皮擦修改和擦拭，也可与马克笔、水彩工具结合使用，还可以结合水的渲染，形成如水彩般的渲染效果。主要用于画构思草图，用水效果可接近水彩)。

(4)彩色粉笔(粉画笔，36色或24色，主要用于画概念效果图，表现体块柔和、退晕的层次变化甚佳)

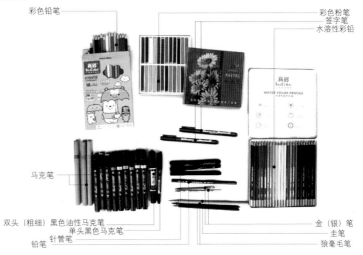

图3-1-1 钢笔彩铅、钢笔马克笔、色粉技法使用的工具与材料（笔类）

(5)狼毫毛笔（1号或2号，用于点高光和画带线的亮光）

(6)圭笔（勾线用）

2.纸类

复印纸（纸质细密结实的，吸水性较弱，表面光洁，适合彩铅、马克笔在构思草图画法中使用）。

素描纸、白色卡纸、有色纸（除白色之外），用于概念效果图画法，光滑与粗细适中，便于色粉末渗入附着纸质结实的，吸水性较弱，表面光洁，适合画色粉马克笔画法使用。

硫酸纸（描图纸）。

黑、白、深灰硬卡纸（裱画用）。

3.其他工具

白色细头涂改液(点高光用)。

圆模板(大圆小圆)。

椭圆模板(25°—65°)。

蛇尺（画曲线和弧线用）。

三角尺。

曲线板。

绘图仪，包括圆规、夹笔圆规(接驳器，能插入纤维签字笔)、分规等。

餐巾纸、纸巾或白色棉布（用于画概念效果图时沾色粉可擦出退晕效果）。

爽身粉（主要用于概念效果图画法，和色粉混合使用，可以使画面的色彩浓淡度表现得更加平滑光洁）。

遮盖胶带、遮挡膜、告示贴、遮挡纸（在概念效果图画法中使用）。

橡皮（美术专用）。

转笔刀（削铅笔用）。

刀（美工刀，裁切纸张、胶带等）。

粉画固定喷胶（定画液）。

浆糊、胶水、双面胶带纸（裱纸、裱画用）。

纸笔（纸擦笔，在概念效果图画法中擦拭和修改细部用）。

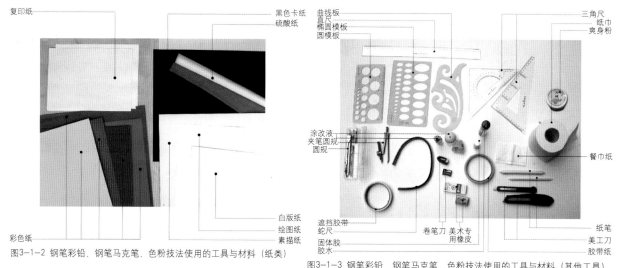

图3-1-2 钢笔彩铅、钢笔马克笔、色粉技法使用的工具与材料（纸类）

图3-1-3 钢笔彩铅、钢笔马克笔、色粉技法使用的工具与材料（其他工具）

（二）钢笔淡彩、水彩水粉技法使用的工具与材料

1.笔类

钢笔（针管笔，可画出粗细、宽度不同，富有表现力的线条。画出的线型统一细腻，采用辅助工具绘制的线条，具有规整、挺拔、利落等特点，而徒手绘制的线条则具有流畅、活泼、生动的特点。根据笔头的粗细可分为0.05、0.1~1.0mm的不同型号，在使用上可隔号使用）。

水彩笔（圆头或方头水彩笔有1~12号，大中小尺寸应各备一支，在使用上可隔号使用）。

水粉笔（饱吸颜料，比较坚挺，专用水粉笔有1~12号，大中小尺寸应各备一支，在使用上可隔号使用）。

底纹笔（用于裱纸、刷底色，

进行大面积渲染，有1寸、1.5寸、2寸、2.5寸、3寸、3.5寸、4寸等，大中小尺寸各备一支，在使用上可隔号使用）。

衣纹笔（用于勾细线）。

叶筋笔（用于拉线等细部刻画）。

狼毫细毛笔（用于刻画局部细节和勾画黑白线条）。

2..尺类

直尺。

三角板。

界尺、槽尺（可以自制，用于画直线。就是在塑料尺上刻画一条浅沟，或者用胶水把两把尺子交错粘贴，作为支撑笔的滑槽）。

比例尺（利用比例尺的沟槽画直线，可替代界尺、槽尺）。

曲线板。

圆模板(大圆小圆)。

椭圆模板(25°—65°)。

3.颜料类

水彩颜料（颗粒细腻，粉质较少，透明）。参考牌子：上海的马

利，天津的温莎牛顿。

水粉颜料、宣传色、广告色。

透明水色（彩色墨水，用于画钢笔淡彩草图，近几年用得少）。

不退色墨水（可避免颜色的水分把墨线渗化，用于针管笔画钢笔线时使用）。

4.纸类

水彩纸（吸水适中，具有一定厚度和紧密度的纸）。

水粉纸（吸水适中，具有一定厚度和紧密度的纸）。

图3-1-4 钢笔淡彩、水彩水粉技法使用的工具与材料（笔类）

图3-1-5 界尺（槽尺）使用方法示意

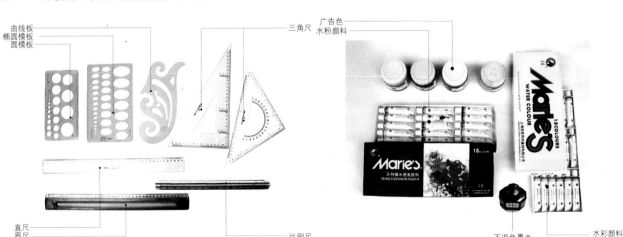

图3-1-6 钢笔淡彩、水彩水粉技法使用的工具与材料（尺类）

图3-1-7 钢笔淡彩、水彩水粉技法使用的工具与材料（颜料类）

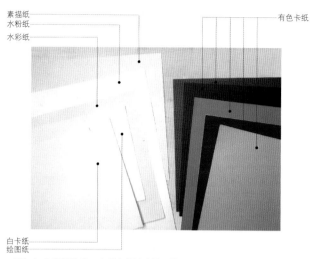

素描纸
水粉纸
水彩纸
有色卡纸

白卡纸
绘图纸

图3-1-8 钢笔淡彩、水彩水粉技法使用的工具与材料（纸类）

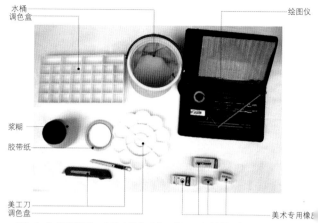

水桶
调色盒
绘图仪

浆糊
胶带纸

美工刀
调色盘
美术专用橡皮

图3-1-9 钢笔淡彩、水彩水粉技法使用的工具与材料（其他工具）

素描纸、绘图纸、白卡纸、有色卡纸（水粉技法可采用此类纸，具有一定厚度和紧密度的纸均可）。

铜版纸（水粉技法可采用此类纸，吸水适中，质地较细腻、表面较光滑）。

5.其他工具

绘图仪（包括圆规、分规、直线笔、接驳器、铅笔、橡皮、透明胶带等）。

调色盒、调色盘（盛颜料和调色用）。

水桶（现在有可折叠式的携带方便）。

吸水布。

胶水、浆糊、固体胶（裱纸、裱画用）。

胶带纸（裱纸用）。

橡皮（美术专用）。

小刀（美工刀）。

第二节 ///// 电脑与应用软件工具

近些年来，以电脑作为辅助工具进行包装效果图的绘制发展十分迅猛，早在20世纪90年代中期以后，在我国开始为年轻包装设计师们所重视进行设计而采取的一种主要绘图手段。电脑可以模拟各种各样的图形工具，设计制作出各种各样的画面效果，是一种非常便利的、环保的、表现力极为丰富的工具。而且它对设计者的艺术性和基本功方面的要求，同其他的绘画方式是一样的。电脑打破了传统的绘图方式，改变了设计师的设计思维，丰富了人们的学习生活，掀起了一场新的效果图革命。

电脑技术是在不断发展的，硬件和软件的更新和升级都很快。目前包装设计师们常用的电脑是苹果电脑和PC机。Photoshop、CorelDRAW、Illustrator、3D Max等二维和三维软件也得到了广泛应用。电脑工具在效果图的绘制

图3-2-1 二维软件与三维软件光盘

过程中具有无可比拟的优越性，越来越受到广大包装设计师的喜爱。如果设计者不能熟练地掌握电脑绘图软件，其设计将寸步难行。当然，电脑终究不能代替人脑，创意的火花还得靠设计师的头脑涌现，它只是一种辅助工具而已。如图3-2-1、图3-2-2所示。

图3-2-2 软件在电脑中的运用

第三节 ///// 效果图的装裱

效果图完成后为了便于展示和保存，应认真精心地进行装裱，以下介绍一种常用简易装裱。

（一）采用黑卡或白卡做底板，将已画好的效果图和卡纸的四周边裁好。

（二）将裁切整齐的效果图的四边贴上双面胶或涂上固体胶。

（三）再粘牢在黑卡或白卡底板上，装裱完成。

装裱也可以有多种形式，如图3-3-4、图3-3-5所示。

图3-3-1

图3-3-2

图3-3-3 学生习作/肖雅婷

图3-3-4 开窗式

图3-3-5 折叠式

课堂习题:

习题一:

构思草图的手绘工具材料有哪些? 概念效果图的手绘工具材料又有哪些?

习题二:

电脑作为设计工具包括哪几种绘图软件?

肆

知识要点
了解包装效果图的几种画法定义、类型，掌握各种表现技法的作画规律与步骤。

教学目的
本章节是本书重点部分，主要是讲述包装效果图技法内容，旨在培养学生熟练掌握包装效果图的各种表现技法的应用水平，其目的为专业设计打下基础，建立设计的造型观念，从而使设计理念得以实践与应用。要求学生深入学习探索效果图的一般规律、作画程序和表现手法，理解效果图各种不同类型画法原理，具有解决效果图造型和构成要素的设计与审美表现能力。

教学重点
如何使学生掌握构思草图的几种快速表现技法、概念效果图的装饰效果的处理方法、电脑效果图的主要三种软件表现技法，是教学的关键所在。

第四章
包装效果图的表现技法

第一节　构思草图

第二节　概念效果图

第三节　电脑效果图

第四章　包装效果图的表现技法

第一节 //// 构思草图

（一）构思草图简介

构思草图也叫拇指草图、记忆草图、创意草图。就是在构思过程中，设计师把头脑中抽象的思考变成具象图形的一个创造过程，是从抽象思考过渡到图解思考的过程，也是设计师对其设计进行推敲整理的过程，是设计师思维最原始的流露和闪现，并具有记录和表达功能。通过草图的筛选、整理、深入与发展，最终将不切实际的想法变成美好的现实。设计师的创意与构思草图唇齿相依，人的思维十分活跃，灵感转瞬即逝，快速流畅地捕捉灵感的手段就是草图，设计师就是用这种视觉传达的方式记录着思维的轨迹，记录着发散性思维的点滴。国内有一位室内设计师对自己的设计感悟有段精彩论述："作为一个设计师是离不开草图的，这是我从事设计事业十多年来的感悟。在做设计过程中，随意地勾画可以记录下你的设计思路，同时还可以给你带来瞬间的设计灵感。从平面方案开始我就喜欢随手胡乱勾画一些草图，由平面联想到立面、天花及整体空间，手中的笔在恣意周游之时，不经意间设计灵感已在脑海中浮现，再将瞬间的灵感快速地表达出来，那是何等惬意的事，

何等痛快的事。整个创意表现的过程是通过手和脑来完成的，决不是光动脑不动手的空想。随手描画可以为你汇聚很多感觉，然后再将这些随手勾画的草图加以整理交给电脑效果图设计师，只要他们同你有默契的配合，你的设计很快就被表现在电脑上。做效果图是这样，做施工图也是这样。你的设计创意由脑子通过你的手勾画出来，交给绘图师，凭他们的智慧和经验，一张张的随意草图经由电脑演变成了一张张严谨的施工图，这时候，随意草图就成了设计师与绘图师沟通最便捷的工具。在这种脑与手的对话中，设计师的创意一步一步地由玄想变成现实。个人的手绘草图很少着色，这其中一个客观的主要原因是时间的限制问题。像我们主要专业从事公共建筑空间的室内设计，常常都是大型项目，必须参与投标，基于国情的现状，甲方给的时间有限，色彩的处理只有凭自己的经验，附以文字来表达材料、灯光色彩的效果。从这一角度看来也可得知手绘草图的价值并不在于其画面效果的亮丽渲染，而完全在于它是一种创意的行为。"其明确指出了快速草图的重要性，以及快速草

图对设计的潜在影响。

然而，草图是用来记录设计的一个过程，不是设计的最终目的。所以虽然草图的技法很多，但作为一个设计师不应是本末倒置地为追求技法而忽视设计本身，要知道，不论采用什么技法，其目的都是为了阐明你的设计。

构思草图适用于设计的初始阶段，此阶段是整个设计程序中的一个重要环节。在这个阶段里，设计师要求的是表达的速度、信息的完整性以及草图的数量。一张A4规格复印纸至少可画6个以上创意小方案，多的可画十三四个，A3规格复印纸则能画得更多。为了达到快速表达目的，须对产品包装的形态、色彩进行概括、提炼和取舍。首先是用线条准确地勾画包装的形体结构，然后简要地绘出明暗，传达产品包装的空间感和层次感。在构思草图里一般用彩铅和马克笔表达物体固有色的明暗关系，最重要的是画出明暗交界线，省略次要的线条与细节，适度地表现出材质。

因构思草图一般用快速、简洁、概括的图形语言把瞬间灵感记录下来，以表达产品包装的基本特征与信息，而往往省略一些细节。

草图也是设计师在设计过程中自我交流的过程，是设计思维发展的真实记录。如图4-1-1所示。

（二）构思草图分类

1.按种类分

（1）随意草图

手绘草图进入初始阶段可谓之"随意草图"阶段。所谓"随意草图"，重在随意，表达的是设计师瞬间的设计灵感。草图，是用来记录设计的一个过程，不是设计的最终目的。所以虽然草图的技法很多，但作为一个设计师不应是本末倒置地为追求技法而忽视设计本身，要知道，不论采用什么技法，其目的都是为了阐明你的设计。作为一个设计师是离不开草图的。在做设计过程中，随意地勾画可以记录下你的设计思路，同时还可以给你带来瞬间的设计灵感。到这一阶段，我们已可以把与设计创意无关的内容从草图上一一抛弃，真正还手绘草图一个本真的价值。这当中，颇有笔随意发的中国草书书法的意味，以设计意念驾驭笔端，手绘草图完完全全真真正正成为将设计创意落实的一项工作。如图4-1-2、图4-1-3所示。

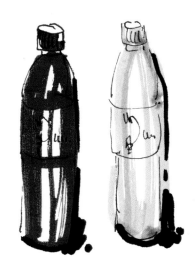

图4-1-2 随意草图/学生习作

图4-1-1 构思草图/学生习作

图4-1-3 随意草图/学生习作/傅筱昱

(2) 刻意草图

手绘草图进入另一阶段可谓之"刻意草图"阶段。"刻意草图"是为表现草图而画草图，就像是绘画创作，表现的是要画的这张草图的效果，更注重的是画面效果而不是设计效果，线条的轮廓和色彩的运用画得稍微比随意草图工整细致，要求线条流利、疏密有致，如时间充裕的话，有的轮廓线甚至可以借用尺板来画，充分利用线条的疏密安排来解决空间、结构、黑白灰问题。这种表现方法为着色留有很大余地，这是设计师作草图的表现阶段。如图4-1-4、图4-1-5所示。

2.按功能分

(1) 记录类草图

记录类草图是作为设计师收集资料和构思整理之用。草图一般清楚翔实，往往插入一些局部放大图，记录一些设计的"闪光点"和独到之处。这些备用资料常常作为设计师触发灵感的来源，用于拓宽思路，积累设计经验。如图4-1-6所示。

(2) 思考类草图

思考类草图是利用草图进行推敲，并将草图过程表达出来，以便对构思进行再推敲再构思，发散性思维就是这样周而复始地展开。这类草图更加偏重于思考过程，一种构想的多种变化往往需要一系列的

构思与推敲，而这种推敲仅靠抽象思维是不够的，要通过一系列图解画面作辅助思考。这类草图求量不求质，不太拘泥于形式，因为初期的构想没有经过仔细分析评价，每个构想只表达思维的火花和设计的一个方向。在很多这类草图中我们都能看到产品包装的多个角度、文字注释、尺寸标定、颜色推敲、结构分析等的痕迹。由于设计过程是设计师对自身思考的一种整理和分析，是从无序到有序的思维过程，因而大多数草图是杂乱的。设计师的思考是一种探索，草图的表达是片段式的，显得轻松而随便，由此创造了设计的多种变化，同时扩展了思路。如图4-1-7至图4-1-10所示。

构思草图其要求用图示概括如下（如图4-1-11所示）：

构思草图徒手绘制常用的工具材料为铅笔、钢笔（纤维签字笔）、彩色铅笔、马克笔、水彩笔、水彩颜料（钢笔淡彩法使用）和复印纸、水彩纸、绘图纸等。草图画幅大小以便于记录收藏为宜。

（三）构思草图画法绘制步骤

介绍构思草图几种常用画法类型。

1.钢笔彩铅法

钢笔彩铅法使用的主要工具是非水溶性彩色铅笔和水溶性彩色铅笔。彩色铅笔是一个适合快速表

图4-1-4 刻意草图/学生习作/王文星

图4-1-5 刻意草图/学生临摹习作/虢力靖

图4-1-6 记录类草图

达的工具。不同的运笔方法可产生不同的效果，运笔的力度大小与色彩饱和度成正比，故特别适合于需要层次渐变的曲面形体的表达。无论是提线、铺色调、退晕，还是色彩过渡、刻画细部都能得心应手。主要用于快速地设计构思草图。而且非水溶性彩色铅笔是典型的干性画法，作画时不需要装裱，自由轻松，易于修改和调整，携带方便。不足之处是色彩不够紧密，不宜大面积涂色，色彩对比度不强，视觉冲击力较弱，故而常结合钢笔、马克笔、水彩等工具混合作画，已达到丰富的效果。水溶性彩色铅笔技法较灵活，既可以干性画法也可以

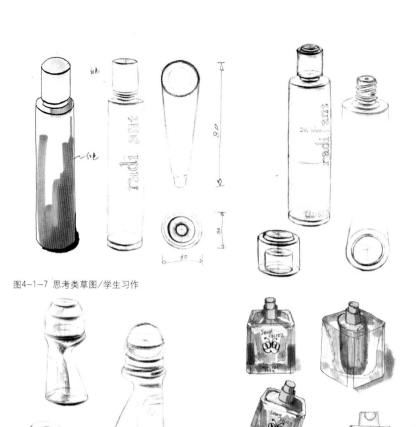

图4-1-7 思考类草图/学生习作

图4-1-10 思考类草图/学生习作

图4-1-8 思考类草图/学生习作/舒梦娟

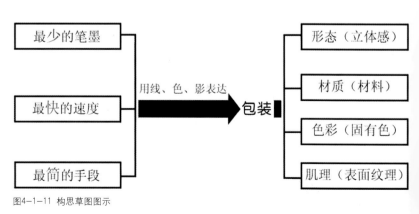

图4-1-9 思考类草图/学生习作

图4-1-11 构思草图图示

湿性画法，湿性画法近似于水彩效果。

作画步骤一：

①铅笔起稿（熟练后可省略）

铅笔起稿，熟练后可省略，这样可加快手绘速度。注意透视关系，所有的平行线是近宽远窄。注意物体的透视角度，概括简洁画面，正面图可以不考虑透视，是最容易表现的角度。注意结构比例关系，不要失调。（如图4-1-12所示）

②钢笔上线

用0.05与0.1纤维签字笔或针管笔将物体轮廓勾一遍。注意用线流畅、肯定、干净利落。画完钢笔线后，用橡皮擦去铅笔线，保持画面干净。（如图4-1-13所示）

③明暗润色

注意设定光线是左上角平行光源，留出高光部分，物体受光部位留空白。彩色铅笔排线均匀，从深到浅，上色一定要浓重才会出效果。（如图4-1-14所示）

④整体调整

注意整体观察色调的黑白灰关系，不要只盯在局部上。同时刻画细部，加图案。（如图4-1-15所示）

⑤加阴影

背光轮廓线用粗纤维签字笔或针管笔画一遍。最后用灰色或深

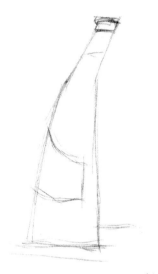

图4-1-12

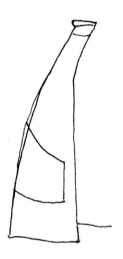

图4-1-14

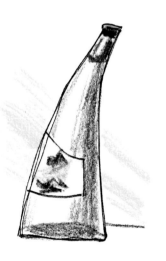

图4-1-13

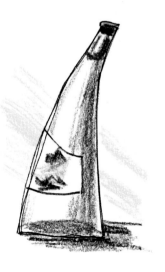

图4-1-15

图4-1-16 酒瓶容器/学生习作/陈慧

色彩铅、马克笔画阴影。（如图4-1-16所示）

作画步骤二：

①铅笔起稿

正面形体转折复杂而侧面并不重要的包装一般用正面图，不考虑透视。注意轮廓线条的变化和艺术性，以及结构线的正确性。如果手绘熟练后，可直接用钢笔起稿，这样可加快手绘速度。（如图4-1-17所示）

②钢笔上线

用0.05与0.1纤维签字笔或针管笔将产品包装轮廓勾一遍。注意用线流畅、肯定、干净利落。画完钢笔线后，用橡皮擦去铅笔线。（如图4-1-18所示）

③铺满底色

用彩铅的笔尖侧面来回均匀平擦，一气呵成，平铺出包装容器的固有色。注意要完全覆盖包装容器轮廓线，排线要均匀，有适度的

明暗变化，可能会出现阴影的部分要加重，两面则减轻用笔的力度。（如图4-1-19所示）

④调整明暗

根据45°左上角光源投影效果用同一支彩铅绘出大致的明暗关系。（如图4-1-20所示）

⑤加阴影

用粗纤维签字笔或针管笔加重包装容器背光轮廓线部分，用彩铅画出投影。（如图4-1-21所示）

图4-1-17

图4-1-18

图4-1-19

图4-1-20

图4-1-21 香水瓶／学生习作

作画步骤三（水溶性彩铅画法）：

①铅笔起稿

铅笔轻轻起稿，把大体轮廓画出，注意包装容器的瓶盖、瓶身、瓶底座的透视关系和透视角度，概括简洁画面。注意结构比例关系，不要失调。（如图4-1-22所示）

②钢笔上线

用0.05与0.1纤维签字笔或针管笔勾画出包装容器轮廓。注意用线要流畅、肯定、干净利落。画完钢笔线后，用橡皮擦去铅笔线。（如图4-1-23所示）

③明暗润色

注意设定光线是左上角平行光源，留出高光部分，物体受光部位留空白。彩色铅笔排线均匀，从深到浅，上色一定要浓重才会出效果。可按彩铅干性画法的步骤完成。（如图4-1-24所示）

④彩铅画变成水彩画

先用毛笔或水彩笔沾上清水，然后对画好的彩铅画部分再进行涂刷润洗，色彩艳丽的彩铅画就变成近似水彩画效果。（如图4-1-25所示）

2.钢笔马克笔法

近年来，随着设计行业的迅速发展、颜色品种的不断研发、表现技法的不断成熟，马克笔已经成为一种快速绘制效果图的理想工具，为多数设计师所普遍使用。

马克笔有油性、水性类别之分，油性马克笔因其价格昂贵，味道刺鼻，蒸发性强，且不宜和其他颜色相溶，所以并未普遍使用。水性马克笔则是以酒精为主要溶剂，配色齐全，相比油性马克笔价格较低，可以与水相溶，与彩铅、水彩等相结合使用，因此较为常用。酒精型马克笔为上品，具有速干、稳定性高、附着力强、色彩透明亮丽、换色方便、表现力强等优点。

马克笔有粗细两头，粗头常用于大面积平涂上色，细头适用于刻画细部。笔头运用的角度、力度不

图4-1-22

图4-1-23

图4-1-24

图4-1-25 矿泉水瓶

同，会产生不同的效果的笔触和线条。由于马克笔可以透叠，第一笔浅，第二笔重叠渐深，所以一支笔可画出微妙的明暗变化，注意下笔要准确、干净、连贯。

①钢笔起稿

选一个最大限度反映包装容器信息量的正面图，用0.05或0.1纤维签字笔或针管笔勾绘包装容器轮廓线，注意左右对称，弧线一致。（如图4-1-26所示）

②主体明暗

用马克笔绘出主体包装大的明暗关系，加重明暗交界线，因容器主体是反光材料，故用笔要整齐平整，干净利落，注意粗细线的应用，明暗过渡要强烈，尤其是明暗交界线，过渡要衔接一致。（如图4-1-27所示）

③调整细节

刻画细节，注意留出高光部分，整体观察调整色调的黑白灰关系。（如图4-1-28所示）

④加阴影

用0.2纤维签字笔或针管笔加重包装容器背光轮廓的部分。并用灰色马克笔画阴影。（如图4-1-29所示）

3.钢笔彩铅马克笔法

钢笔彩铅马克笔法是一种混合画法，是利用各种工具的特点综合在一个包装中表达，其中马克笔适合表达光面和形体转折简单的部分（例如：玻璃、不锈钢等），彩铅适合表达亚光面及形体转折复杂的部分（例如：纸材、亚光塑料等）。

马克笔与彩铅混合在一起会形成粗与细、干与湿的对比，增强表达包装材质的艺术感染力。

(1)铅笔起稿

铅笔起稿，熟练后可省略，这样可加快手绘速度。注意透视关系，注意物体的透视角度，概括简洁画面，注意结构比例关系，不要失调。（如图4-1-30所示）

图4-1-26

图4-1-27

图4-1-28

图4-1-29 香水瓶/学生习作

图4-1-30

(2)钢笔上线

用0.1纤维签字笔或针管笔勾绘包装轮廓线。注意线条的粗细变化、弧线的处理等。（如图4-1-31所示）

(3)明暗润色

用彩铅绘出主体包装大的明暗关系，加重明暗交界线，用笔要干净利落，注意粗细线的应用和明暗关系，尤其是明暗交界线。（如图4-1-32所示）

(4)**整体调整**

刻画细节，有些部位可用马克笔上色调整，整体观察进一步调整色调的黑白灰关系。（如图4-1-33所示）

(5)加阴影

用0.2纤维签字笔或针管笔加重包装背光轮廓的部分。根据画面效果用深色或浅色马克笔画阴影。（如图4-1-34所示）

4.钢笔淡彩法

钢笔淡彩法采用清晰、准确的轮廓线表达包装，技法简便快捷，色彩透明淡雅，是设计过程中最常用的表现技法之一。而且，钢笔淡彩法既可用于粗略设计草图，也可用于较精细的效果图，是表现产品包装设计的初步方案和设计展开阶段最重要的表现形式及手段。

钢笔淡彩法是用钢笔（绘图针管笔、签字笔、美工笔）和蘸水笔勾勒、刻画出产品包装的轮廓，再以透明性较强的色彩如水彩色或照相透明水色着色描绘的一种快速技法，也是学习构思草图中首先要求掌握的一种表现技法。

作画步骤一：

①钢笔起稿

在描好的铅笔正稿的基础上，用签字笔或针管笔（0.1~0.5）勾勒、刻画出包装容器的主要轮廓和结构线（针管笔画线要求用不退色的墨水）。（如图4-1-35所示）

②上底色

勾勒好主体轮廓后先着底色。（如图4-1-36所示）

③主体明暗

对包装容器着色，画出色彩明暗关系。（如图4-1-37所示）

④调整细节

刻画包装容器的细部，加强暗部和高光部的刻画，整体调整。（如图4-1-38所示）

图4-1-31

图4-1-32

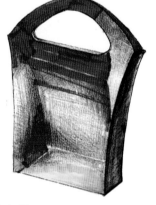

图4-1-33

图4-1-34 手提袋包装/学生习作/杨婷

图4-1-35

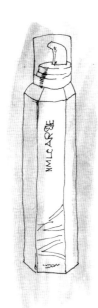

图4-1-36

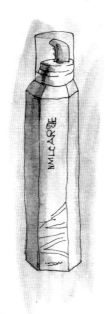

图4-1-37

图4-1-38 啫喱水容器造型

作画步骤二：

①钢笔起稿

在描好的铅笔正稿的基础上，用钢笔或针管笔（0.2～0.5）勾勒、刻画出纸盒包装的主要轮廓和结构线（要求使用不退色的墨水）。（如图4-1-39所示）

②主体明暗

勾勒好轮廓后对纸盒包装着色，画出色彩明暗关系。（如图4-1-40所示）

③调整细节

刻画纸盒包装的细部，进一步加强对暗部和受光部的整体调整。（如图4-1-41所示）

④加阴影

用0.2纤维笔或钢笔加重纸盒包装背光轮廓的部分，并用水彩笔画深色阴影。（如图4-1-42所示）

图4-1-39

图4-1-40

图4-1-41

图4-1-42 饮料纸盒包装/学生习作/王凯

5.视图法

视图法就是借鉴机械视图的画法，画出包装的正面主视图、背面后视图、侧视图、俯视图及局部放大图。此法尺度比例直观准确，不考虑透视关系，只考虑在45°左上角光源下物体的立体效果，若再配合立体透视效果图及简要的文字说明，则表达更为全面。现代包装设计师必须掌握此法。（如图4-1-43所示）

构思草图表达的方法是多种多样的。在一张纸上，最完整的构思草图是既有透视立体图、平面图（主视图、侧视图、俯视图）、局部剖面图（细节放大图），又有说明性文字符号的。设计师可根据表达的需要酌情选择。（如图4-1-44所示）

（四）构思草图图例

图4-1-45 构思草图图例/钢笔彩铅法/学生习作

图4-1-43 运用视图法展示纸盒包装的五个面/陈达强

图4-1-46 构思草图图例/钢笔彩铅法/学生习作/杨亚雅

图4-1-47 构思草图图例/钢笔彩铅法/学生习作/杨亚雅

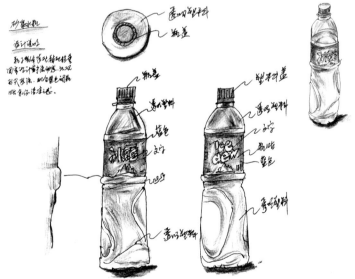

图4-1-44 塑料容器造型多视图展示/陈达强

图4-1-48 构思草图图例/钢笔彩铅法/学生习作/高月

图4-1-49 构思草图图例/钢笔彩铅法/学生习作/祁皓

图4-1-53 构思草图图例/钢笔马克笔法/学生习作/刘静

图4-1-57 构思草图图例/钢笔马克笔法/学生习作/饶瑶

图4-1-50 构思草图图例/钢笔马克笔法/学生习作

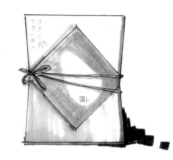

图4-1-54 构思草图图例/钢笔马克笔法/学生习作/熊凤仪

图4-1-58 构思草图图例/钢笔彩铅马克笔法/学生习作/熊凤仪

图4-1-51 构思草图图例/钢笔马克笔法/学生习作/傅筱昱

图4-1-55 构思草图图例/钢笔马克笔法/学生习作/冷帅帅

图4-1-59 构思草图图例/钢笔马克笔法/学生习作/刘旭东

图4-1-52 构思草图图例/钢笔马克笔法/学生习作

图4-1-56 构思草图图例/钢笔马克笔法/学生习作/冷帅帅

图4-1-60 构思草图图例/钢笔马克笔法/学生习作/刘莉

图4-1-61 构思草图图例/钢笔马克笔法/学生习作/袁野

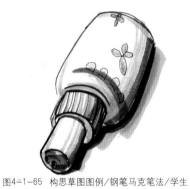

图4-1-65 构思草图图例/钢笔马克笔法/学生习作

图4-1-69 构思草图图例/钢笔马克笔法/学生习作

图4-1-62 构思草图图例/钢笔马克笔法/学生习作/周龙

图4-1-66 构思草图图例/钢笔马克笔法/学生习作/彭帅

图4-1-70 构思草图图例/钢笔彩铅马克笔法/学生习作/王殊彦

图4-1-63 构思草图图例/钢笔马克笔法/学生习作/周龙

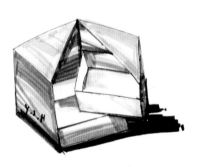

图4-1-67 构思草图图例/钢笔马克笔法/学生习作/彭帅

图4-1-71 构思草图图例/钢笔淡彩法/学生习作/曾斌

图4-1-64 构思草图图例/钢笔马克笔法/学生习作/周丹

图4-1-68 构思草图图例/钢笔马克笔法/学生临摹习作/虢力靖

图4-1-72 构思草图图例/钢笔淡彩法/学生习作/曾斌

图4-1-73 构思草图图例/钢笔淡彩法/学生习作/沈赴

图4-1-74 构思草图图例/钢笔淡彩法/学生习作/沈赴

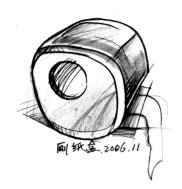

图4-1-75 构思草图图例/钢笔彩铅马克笔法/学生习作/唐白梅

图4-1-76 构思草图图例/钢笔彩铅马克笔法/学生习作/唐白梅

图4-1-77 构思草图图例/钢笔马克笔法/学生习作/张晓阳

图4-1-78 构思草图图例/钢笔彩铅马克笔法/学生习作/熊凤仪

第二节 ///// 概念效果图

(一)概念效果图简介

概念效果图又叫概略效果图、方案效果图、概念草图。在设计过程中，当构思草图达到相当量的时候，设计师要择优筛选，确定可行性较高的优秀方案作重点发展，将最初概念性的构思展开、深入，产生较为成熟的包装设计雏形，为了便于交流，必须绘出较清晰、完整的概念效果图。在包装设计过程的展开阶段、研讨阶段、汇总阶段、决定阶段里，必须快速且准确地大量绘制出用于方案比较、分析、评价、推敲、研讨和完善方案，以及与上司、同事、客户沟通交流和供他人观看的概念效果图。

概念效果图是构思草图的深入与细化，故表达的效果比构思草图更为真实、完善、细致。一般在A4规格大小的纸上画一个放大的方案即可，更能便于表达包装的形态、结构、尺度、材质与色彩，须求质量，并要求有一定的绘制速度，适于深入分析、评价推敲方案及与他人沟通交流。也是绘制电脑精细效果图的前期准备。使用的工具除了绘制构思草图所用工具之外，还增加了彩色粉笔、素描纸、绘图纸、白卡纸、水彩水粉纸和其他辅助工具材料：刮刀、卫生纸、棉花、爽身粉、粉画固定喷胶、纸

笔等。如图4-2-1所示。

为了更迅速地绘出包装设计概念效果图，现在手绘大多采用以具有速干性、简便性且应用广泛的水性马克笔、油性马克笔为主，并辅以色粉和彩色铅笔。

彩色粉笔又叫粉画笔、色粉棒，是现在设计界很多设计师很喜欢用色粉作为表现色彩的工具之一。色粉是现代概念效果图画法常使用的材料，这是一种干性媒介有色粉条，色粉条用刀片可刮成粉状或在粗质纸上磨成粉状，用餐巾纸、纸巾、棉花或棉纸沾色粉，加上少量的爽身粉（约色粉的30%）

图4-2-1 香水瓶概念效果图/学生习作/肖雪

图4-2-2 彩色粉笔擦出的效果

充分混合，这样调出的色粉没有干涩感，在细密纹理的纸上涂画，会出各种效果。色粉细腻柔和，色泽纯净、明亮，可擦出微妙的高光，十分方便。彩色粉笔的效果类似于喷绘，但速度比喷绘快得多，更快捷便利。色粉笔擅长迅速表现体块柔和的层次变化，特别适合于绘制大面积平滑的过渡面、受光面、各种复杂的曲面形体以及柔和的反光，如玻璃、高反光金属质感物体。不足之处是不擅长细节刻画，所以往往要结合彩色铅笔和马克笔等工具一起使用。如图4-2-2所示。

（二）概念效果图画面装饰效果的处理方法

运用美学原理和艺术设计的手法在效果图完成基本表现功能的基础上，对画面进一步进行装饰处理，也是促使效果图更具完整而良好的视觉传达效果、增强必要的艺术感染力的一种重要手段。画面装饰效果处理包括画面幅式的选择、画面的合理布局和画面形象背景的处理方式。

1.幅式选择

效果图的幅式主要指幅面的格式，即在画之前，首先应选择纸张的规格和考虑构图是横式的、是竖式的，还是方形三种幅式。选择幅式一般会选择A4、A3规格纸张，因此方形幅式用得较少。选择画面幅式，首先要根据所表现对象的形

态特点、透视角度和方向以及特定的表达意图来确定。合理的幅式可以提高包装的表现效果，有利于画面空间的利用和提高构图质量。如图4-2-3至图4-2-5所示。

2.合理布局

合理布局是指包装形象在画面构图的位置和大小都要适当，被画的主体包装摆放的位置的虚实空间应合理适宜，应注意几点：

一是主体包装既不能画得太大，即构图不能太满；又不能画得太小，即画面四周不能太空。

二是在构图时，主体包装既不能画得太左，又不能画得太右，太左太右会使中心失去平衡；既不能画得太上，又不能画得太下，即构图的重心要稳。

包装形象在画面中所占面积过大，会显得拥塞、局促，不易表现空间感和深度感；反之包装所占面积小，也会显得空旷、冷清，不紧凑。因此包装形象在画面中的大小，应根据所表现对象的实际体量大小来确定。当实际包装体量小，在效果图画面中的表现也不应该过小，这样就比较适合于人的视觉经验及对不同包装的尺度感觉。

包装在画面构图中过于偏上或偏下、偏右或偏左都会使画面显得不平衡，而过于居中也会显得呆板。通常的规律是使包装正面前方和下方的空间稍大一些，这样的构图比较均衡而不呆板，适合于人的视觉习惯。如图4-2-6至图4-2-

图4-2-3 横向构图

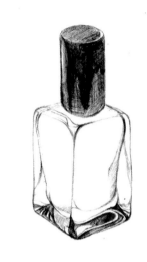

图4-2-4 竖向构图

图4-2-5 方形构图

图4-2-6 主体包装过大——四周太满

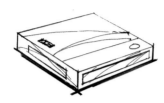

图4-2-11 主体包装过下——重心偏下

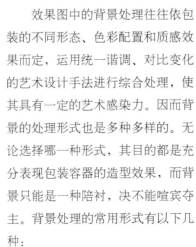

图4-2-13 学生习作/陈雅琴

图4-2-7 主体包装过小——四周太空

图4-2-12 主体包装构图位置适中——视觉感较好

图4-2-8 主体包装过左——重心偏左

12所示。

3.背景处理

效果图中的背景具有界定画面空间和衬托包装主体形象的重要作用，使包装的形象特征更为鲜明和突出。同时恰当的背景处理，可以渲染气氛，丰富画面效果。

效果图中的背景处理往往依包装的不同形态、色彩配置和质感效果而定，运用统一谐调、对比变化的艺术设计手法进行综合处理，使其具有一定的艺术感染力。因而背景的处理形式也是多种多样的。无论选择哪一种形式，其目的都是充分表现包装容器的造型效果，而背景只能是一种陪衬，决不能喧宾夺主。背景处理的常用形式有以下几种：

图4-2-14 学生习作/陈虹伊

(1) 全背景形式

即背景为整个画面空间。这种背景通常是利用纸张本身的颜色做背景，或在描绘产品包装之前就事先涂好的。它可以有平涂、渐变渲染和留有笔触的大笔涂刷。这种处理方式，整体效果庄重、简洁、包装形象鲜明、突出。如图4-2-13、图4-2-14所示。

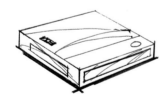

图4-2-9 主体包装过右——重心偏右

图4-2-10 主体包装过上——重心偏上

(2) 局部背景形式

即背景仅占画面的一部分，并和包装容器形象有机配合，组成既和谐又生动自然的画面效果。局部背景是在包装容器描绘之后，通过遮盖再进行各种方式的涂饰，如图4-2-15所示。

(3) 辅助视图背景形式

为了进一步说明包装，效果图的画面除主要表现包装的形、色、质之外，还可利用画面空间的背景，辅以与包装相关的图样进一步加以说明。这种辅助图可以是工程结构图，也可以是设计草图。这样处理背景具有良好的说明性，如图4-2-16、图4-2-17所示。

(4) 立体感背景形式

在效果图画面空间，根据透视关系，以相应的垂直面和水平面作为衬托包装的背景，可以进一步增强效果图画面的空间感和深度感，垂直面和水平面也可单独使用。如图4-2-18所示。

（三）概念效果图画法绘制步骤

1.钢笔马克笔色粉笔画法

作画步骤一：

①铅笔起稿

用H、HB铅笔起稿，注意保证包装大的结构比例关系正确，尤其是透视关系正确。（如图4-2-19）

②钢笔上线

用0.1纤维笔或钢笔勾出包装轮廓线，用线流畅、肯定、干净利落，难度大的曲线可借助于蛇尺画出，橡皮擦除铅笔线。（如图4-2-20）

③画黑色阴影（粗线、色块）

曲线借助模板完成，用0.5水

图4-2-19

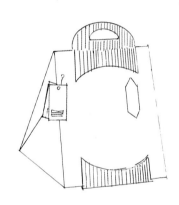

图4-2-20

图4-2-15 学生临摹作品/谢卓丹

图4-2-17 洗手液容器包装

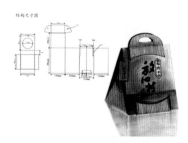

图4-2-16 牛肉干包装/学生习作/曾琳

图4-2-18 纸巾包装/学生习作

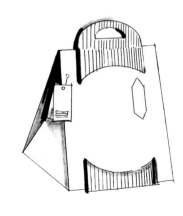

图4-2-21

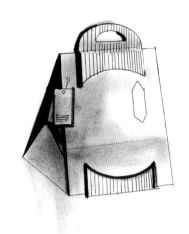

图4-2-22

图4-2-23 牛肉干包装/学生习作/曾琳

性纤维笔绘出背光阴影粗线，注意笔触的方向。（如图4-2-21）

④色粉画出大的明暗关系

用刀将粉棒刮成细粉，用棉花或餐巾纸粘色粉擦到画面上，注意手势的方向性，一气呵成。（如图4-2-22）

⑤调整完成

用纸笔粘色粉刻画局部细节，最后调整画面完成。（如图4-2-23）

作画步骤二：

①铅笔起稿

用H、HB铅笔起稿，注意保证包装容器大的结构比例关系正确，尤其是透视关系正确。（如图4-2-24）

②钢笔上线

用0.1纤维笔或钢笔勾出包装容器轮廓线，用线流畅、肯定、干净利落，难度大的曲线可借助于蛇尺画出。（如图4-2-25）

③画黑色阴影（粗线、色块）

曲线借助于模板完成，用0.5水性纤维笔绘出背光阴影粗线，注意笔触的方向。用黑色马克笔（油性）绘出大的阴影色块。（如图4-2-26）

④橡皮擦除铅笔线

用橡皮擦去铅笔线，保持画面清洁干净。（如图4-2-27）

⑤马克笔画透明材料

由于色粉有较强的覆盖能力，表现透明度不如马克笔好，故绘画

图4-2-24

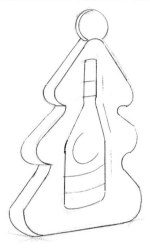

图4-2-25

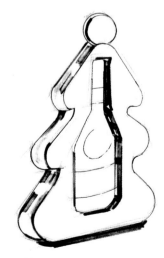

图4-2-26

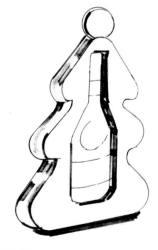

图4-2-27

程序是先画马克笔部分，再画色粉部分。用马克笔画出透明玻璃部分。（如图4-2-28）

⑥色粉画出大的明暗关系

用刀将粉棒刮成细粉，用棉花或餐巾纸沾色粉擦到画面上，注意手势的方向性，一气呵成。（如图4-2-29）

⑦调整刻画细节

用纸笔沾色粉刻画局部细节，调整画面。（如图4-2-30）

⑧点出高光最后完成画面

因玻璃材料属反光强烈的材料，故高光较多，用小毛笔沾白色水粉颜料或涂改液点出高光，画出高光线，用白色彩色铅笔画出次亮的高光线。（如图4-2-31）

2.水彩、水粉画法

⑴水彩技法

水彩颜色湿性好、色彩明亮、淡雅、有较高的透明度，可清晰地透映出物体的轮廓，也可用厚画法表现物体的体积与质感，也可厚薄结合使用，表现灵活丰富。

水彩以水分控制色彩的深浅，使用便捷灵巧。水彩有四种基本画法，渲染法、缝合法、重叠法、干笔法。渲染法所用的水分较多，在干和湿的纸面上陆续施以含水量较多的颜料，并在未干时继续叠色；重叠法是以肯定、果断的笔触，重叠地表现多变的色彩；缝合法、干笔法都在原有表现的基础上演变而来。

作画步骤：

①铅笔起稿

用HB铅笔，轻轻起稿，画出包装大体轮廓线，注意透视关系。（如图4-2-32）

②钢笔上线

在描好的铅笔正稿的基础上，用钢笔或针管笔（0.2～0.5）勾勒、刻画出包装的轮廓和结构线（要求使用不退色的墨水），透视关系应画得准确。用笔要肯定、流畅，注意线条的轻重、粗细和虚实，把握好包装物体的空间和主次。（如图4-2-33）

③画底色

勾勒好轮廓后先着底色。用大号的平头笔或底纹笔调试水彩色涂饰背景。色不宜过厚，水分不宜过多，运笔方向可根据包装的具体形态及结构而定，下笔快、准、有力度，营造表现物的环境气氛和质感。注意在描绘底色时尽量留出包装的高光或空白部分。（如图4-2-34）

④ 对包装着色

图4-2-28

图4-2-29

图4-2-30

图4-2-31 酒瓶/学生习作/李颖

图4-2-32

图4-2-33

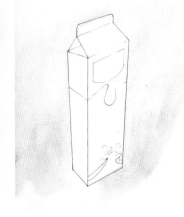

图4-2-34

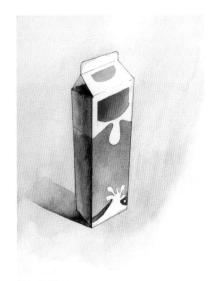

图4-2-35

图4-2-36 牛奶纸盒包装/学生习作/胡凯

以底色调为基调，用毛笔和平头的水彩笔渲染物体，增加包装物体的中间层次和暗部，使形态丰富起来，更具立体感。（如图4-2-35）

⑤刻画细部，调整完成

在整体概括表现的基础上加强包装细部的刻画，使包装物体的表现更充分，最后加强暗部与高光部

的刻画，调整画面的整体关系，直到完成。（如图4-2-36）

■ 技法要领

要求着色简练明快，运笔肯定而流畅，落笔前应对画面的色彩及明暗关系、着色程序及表现手段考虑成熟，做到意在笔先，心中有数。着色通常由浅到深，由亮到暗，逐层作画，这样能很好地把握和控制色彩的明暗表现程度。注意在着色时重复的次数不宜过多，以免使画面失去这种表现技法的特征，失去透明和概括的特点，特别应注意的是，在最后完成时才可用白色（水粉色）画高光部分，切忌在作画过程中掺入水粉颜料，以免使色彩丧失透明度，画面灰暗"粉气"。

⑵水粉技法

水粉是一种不透明颜料，色彩黏度较高，遮盖力很强，其纯度和明度需要掺入合适的白色或黑色才能改变，可以与其他颜色混合，产生颜色的深浅变化，也可用水调节色的深浅，表现方法丰富，可分干、湿和厚、薄等画法，与水彩有许多共同的特性，比水彩颜料更富有表现力。

水粉的特点是容易修改与叠色，附着力较强，有着独有的体积与厚重感，在作画时可厚薄表现。但作画时由于其遮盖力强使起稿的轮廓线无法保存，所以在表现中应时时注意物体的形体结构与色彩关系，由于色的遮盖力强、色干固较快的特点，色与色的衔接还必须在颜色未干的情况下进行。

作画步骤:

①铅笔起稿

徒手铅笔起稿,再借用绘图工具调整包装容器的结构。(如图4-2-37)

② 画出底色

以较薄的底色(以包装的固有色为主)画出底色,也可以用遮挡胶遮盖物体,对底色进行单独描绘。(如图4-2-38)

③画出中间色调及明暗层次

根据纸面大小选择底纹笔。大笔概括地画出包装容器的中间色调及明暗层次,保持底色与容器色调的协调。(如图4-2-39)

④刻画细部

对包装容器加工润色,加强包装容器暗部、亮部的表达,提出包装容器的高光,画出投影,并配合其他的工具刻画包装容器的轮廓边沿线及结构,使其更具立体感和真实感。(如图4-2-40)

⑤调整完成

调整细节,进一步刻画图案、文字等,最后完成画面。(如图4-2-41)

■ 技法要领

落笔前应对画面的色彩及明暗关系、着色程序及表现手段等考虑成熟,做到意在笔先,心中有数。着色可先画出所选固有底色,再用适合于表现物体的笔画出物体的基本色调,但形态把握不要太随意,控制好色彩的明暗及结构,不断完善,最后用白色水粉画出高光部分直至完成。

3. 有色纸画法

有色纸画法是利用纸张本身的颜色而绘制的一种画法,具有特殊的艺术效果,备受设计师喜爱,选择纸张的颜色是除白色之外的红色、黄色、蓝色、绿色等各种颜色的纸张,其作画步骤:(如图

图4-2-37

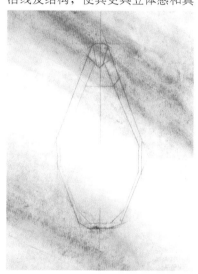

图4-2-38

图4-2-39

图4-2-40

图4-2-41 沐浴乳容器/学生习作

图4-2-42

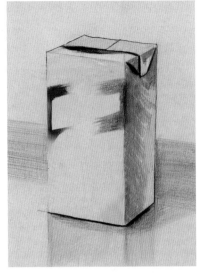

图4-2-43

图4-2-44 饮料包装/学生习作/刘峰

4-2-42至图4-2-44)

(1)钢笔、彩铅或马克笔画黑色线和色块

用有色纸代替包装固有色，作画快捷方便，宜控制画面主调。选择几乎接近包装固有色的色纸。先完成所有需用钢笔勾线画出的主体包装轮廓，再用马克笔或彩铅绘画包装最深处和部分暗部，以及背景、阴影的部分。

(2)上大色块色粉或彩铅

用色粉擦出或用彩铅画出包装主体的明暗过渡面和进一步对包装暗部润色。

(3)刻画细节，提高光

整体观察，调整画面刻画文字、图案等细节，最后提高光，亚亮点可用白色彩铅，高亮点用白色水粉颜料或涂改液。

（四）概念效果图图例

图4-2-45 概念效果图图例/色粉马克笔技法/学生临摹习作/陈小妹

图4-2-46 概念效果图图例/色粉马克笔技法/学生习作/殷雪

图4-2-47 概念效果图图例/色粉技法/学生习作/彭醴文

图4-2-48 概念效果图图例/彩铅马克笔技法/学生习作/崔振宁

图4-2-49 概念效果图图例／马克笔色粉技法／
学生习作／黄琳

图4-2-50 概念效果图图例／马克笔色粉技法／
学生习作／黄翌博

图4-2-51 概念效果图图例／马克笔色粉技法／
学生习作／袁佳

图4-2-52 概念效果图图例／彩铅马克笔色粉技
法／学生习作／胡婧

图4-2-53 概念效果图图例／马克笔色粉技法／
学生习作／屈晶晶

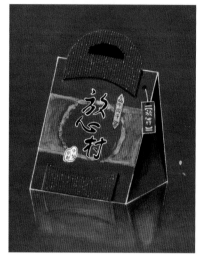

图4-2-54 概念效果图图例／马克笔色粉拼贴技
法／学生习作／唐湘香

图4-2-55 概念效果图图例／马克笔色粉技法／
学生习作／宓雪

图4-2-56 概念效果图图例／马克笔技法／学生
习作／张晓阳

图4-2-57 概念效果图图例／水彩技法／学生习
作／钟湘

图4-2-58 概念效果图图例／水彩技法／学生习
作／张立尧

图4-2-59 概念效果图图例／水彩技法／学生习
作／李延英

第三节 ///// 电脑效果图

(一) 电脑在包装设计表现中的运用

包装设计的电脑效果图又叫展示效果图、精细效果图、最后效果图。画面效果表达得更为精细、精致。电脑在包装设计表现中主要是运用软件进行产品包装三视图、多视图和效果图的绘制、渲染和后期制作。电脑效果图主要用于分析、评价推敲细节方案，与他人交流，决定形态、材质、色彩。

电脑软件基于造型原理、符号学、信息传达学，可轻易地将产品包装透视、色彩、材质真实地表现出来，并赋予产品包装色彩和材质，表现一定的明暗关系和表面肌理。在对包装效果图的修改阶段，电脑就更体现出来远胜于手工绘制的优势所在，再也不用像手工绘制一样需要重新绘制，而只要在原来图形的基础上进行一定的删减或补充，即可轻松地获得产品包装的结构方案。

电脑设计还有很多优势，它可以对产品包装设计不同的色彩方案进行对比，或是对于推出色彩丰富的产品包装尤为方便有效，为充分展现产品包装的各种优势提供便利。另外，利用数字表现模拟产品包装与环境氛围相对于传统方式有绝对的优势。（如图4-3-1）

由于电脑的精密性和先进性，通过其表现的效果图一般都具有明显的以下特征：

1. 准确性

包装效果图一般都在3D MAX、Photoshop、CorelDraw、Illustrator等三维软件和二维软件中绘制的，它不会像绘画那样随意变形或夸张，而是按照各项指标真实、准确地展示产品包装的造型、色彩和质感等因素。

2. 直观性

包装效果图比机械制图和三视图等更能直观地表现包装的立体及表面效果，而且可以对局部进行放大，更具体、更清晰地让客户了解产品包装的情况和特征。

3. 便捷性

在设计过程中，可放大产品包装局部细节，可表现产品包装不同的角度，可对同一容器造型变换不同色彩或色调。随着电脑设计的应用，包装的设计周期越来越短了，准确、便捷地表现包装效果是包装设计不断进步的一个重要因素。如图4-3-2至4-3-6所示。

(二) 三维软件的数字表现

3D MAX又叫3ds Mas，全称3D Studio Mas。是三维造型和动画制作软件，它现在已成为立体造

图4-3-1 电脑制作的包装容器正视图

图4-3-2 放大局部细节

图4-3-3 放大局部细节

图4-3-4 表现容器不同的透视角度

图4-3-5 表现同一容器造型不同色调和插画

图4-3-6 对同一容器造型变换丰富的色彩

型和动画制作的主流，集三维建模、材质制作、灯光和摄影机设定、渲染及动画制作于一身，而且有较高的审美价值和丰富的空间感。一般的三维软件会提供四个视图，可以从不同的侧面和立体空间来纵观包装的立体效果，甚至可以在场景中自由移动、旋转、变换视角等。3D MAX软件在包装设计中的常用造型方法重点包括基础建模、材质应用、灯光处理、渲染技术、盒样输出与成型、后期处理功能等。如图4-3-7所示。

三维造型软件在包装设计的应用主要表现在以下几个方面：

1.包装造型的构建

三维软件可以快速、准确地建构包装造型，从而生动地表现包装各个主要侧面、内部结构和透视效果。

2.包装色彩的选择

色彩是包装诉诸消费者的第一感觉，将包装的色彩作适宜的搭配，会使包装更有吸引力，提高包装的附加值。在包装色彩的运用

上，要掌握色彩的流行趋势，做具体的个性化设计，还要根据包装的功能和特点确定包装总体色调和局部色彩，使之符合色彩的对比与调和。

3. 包装材料的效果

包装由不同的材料经过不同的工艺、技术生产而成，具有特殊表面肌理效果。

4. 空间效果的表现

包装依靠电脑效果图所表现的空间感除了需要准确的透视和形状，还要根据包装的最佳表现侧面来设定光源和摄像机的位置，融入光线的放射、折射和光影效果，按照阴影产生的原理和包装造型特点来体现其进深和层次感。如图4-3-8所示。

（三）二维软件的数字表现

二维软件不仅仅局限于平

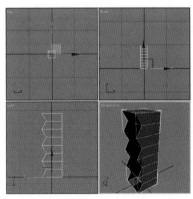

图4-3-7 3D展示物体四个视图

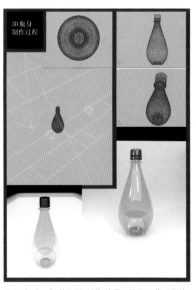

图4-3-8 包装瓶3D制作过程／学生习作／沈赴

面作品的绘制，不少设计师利用CorelDRAW（简称CDR）、Illustrator（简称AI）、Photoshop(简称PS)等软件直接绘制包装的三视图、立体效果图及一些细节部分，还可以用钢笔、马克笔、色粉等绘画工具徒手快速表现包装轮廓与造型，扫描到Photoshop(简称PS)等平面软件，通过软件菜单栏(位图、效果等)和工具栏对平面图制作一定的立体效果，进行造型、色彩和版式等方面的处理，并营造包装所存在的环境氛围，使其具有立体感和空间感。手绘与电脑结合的表现形式能够更快速、更准确、更逼真地用具有艺术感染力的视觉语言把设计构思和创意表达出来，其作画步骤如图4-3-9至图4-3-11所示。

1. 先手绘线稿，注意线条的流畅性和透视的准确性。然后通过扫描仪将线稿输入电脑里，利用图像处理软件（PS），对线稿进行修饰处理。

2. 利用工具栏中的魔棒工具、喷枪工具、渐变工具对物体进行色彩及材质的填充、渲染，表现出物体的立体感。

3. 调整材质明暗与色彩，渲染物体局部与细节，画出物体投影（倒影）和光感，完成最终的效果图绘制。

二维软件在包装设计中的应用最主要还集中在对三维包装效果图绘制完毕之后的画面处理，以及最后带有简要设计说明的版面

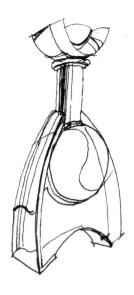

图4-3-9

图4-3-10

图4-3-11 技法示范/陈达强

设计上。最常用的是Photoshop、CorelDRAW、Illustrator等软件。一般经过三维建模和渲染后，导入二维软件进行色彩、明暗等处理，最后运用其中特有的绘画工具和处理手法把包装效果图与说明文字、背景进行版式设计，在以包装为主题的前提下，设计背景的样式和色彩，使构图丰满、突出包装、有一定的视觉冲击力。如图4-3-12、图4-3-13所示。

图4-3-12 文字背景版式设计

（四）三维软件与二维软件的综合应用

三维软件与二维软件结合进行包装设计，有一定的步骤：

1.按照手绘或电脑设计的草图，在三维软件中建模；

2.选用适合的材料体现包装的特质；

3.包装效果图在二维软件中的版式设计，需要一定的背景衬托

唐人神香肠包装设计
陈达强
湖南工业大学包装设计艺术学院

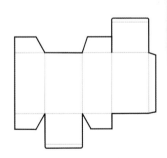

该包装设计的是旅游文化包装，主要体现唐人神集团龙的精神，一条龙服务，龙头企业的经营理念，以及像唐代文化一样发扬光大的唐人神文化特色。

图4-3-13 运用二维软件进行版式设计/陈达强

和文字说明，表现整体优势和局部特色。如图4-3-14、图4-3-15所示。

三维软件与二维软件在包装设计的综合应用表现大致有四种方式：

图4-3-14 两种软件结合应用

图4-3-15 奶牛抱枕包装/学生习作/陈飞

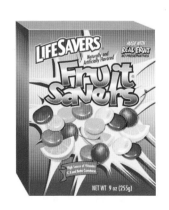

图4-3-16 二维软件制作包装表面的文字图案

1. 利用二维软件制作在三维中需要的材质贴图。

2. 利用二维软件制作包装表面的文字、标签或装饰等。

3. 利用二维软件调整包装效果图。

4. 利用二维软件制作包装的背景贴图。

三维软件与二维软件的配合使用一般都是在设计过程的后期，在制作版面时，一般都要以电脑绘制的包装效果图为主体，围绕包装开始确定统一和谐的版面色彩，根据所要表现的包装类型、特征选择色相、纯度和明度，手绘、电脑效果图与设计说明等元素按需分配，共同构成版面。形成和谐的画面以供决策者和客户的评审和交流，同时，也可作为对新包装的开发宣传。（如图4-3-17）

（五）包装CAD的应用

在计算机辅助设计迅速发展的趋势下必然会产生包装CAD的应用，包装CAD是包装结构设计软件，既能制作二维平面图也能表现三维模型，能进行虚拟和实际的包装结构设计与表现，可为包装容器结构设计与制造、运输包装、数字化包装等的学习提供帮助。大体内容包括AutoCAD软件、优化设计的方法及应用、包装纸盒CAD、运输包装CAD、缓冲包装CAD、瓦楞纸箱结构CAD、纸箱结构优化设计CAD、玻璃容器及其模具CAD、CAM技术在包装中的应用。

具体的主要内容包括两个方面：一是CAD包装结构绘图设计，有CAD软件界面、工具命令使用、图形绘制练习，重点包括软

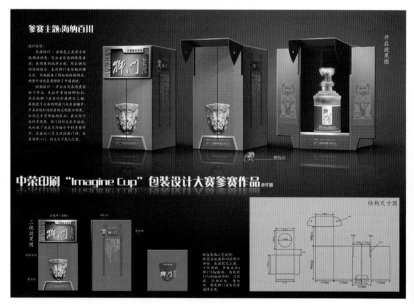

图4-3-17 中荣包装设计大赛一等奖/学生作品/黄华妍

件的基本环境设置、工具的应用、CAD软件包的主要命令及功能；二是包装CAD应用，有包装CAD概述、包装结构设计软件Artios CAD的基本应用、图形和绘制、结构设计，重点包括灵活运用软件进行包装数字控制技术、纸盒的模切制造。

设计者可运用包装CAD设计方案，并将案例设计方案制作出3D MAX效果图表现。将CAD图导入到3D MAX中并制作出包装外观效果图可展现包装的魅力。如图4-3-18所示。

（六）电脑效果图图例

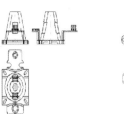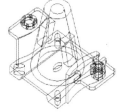

图4-3-18 包装CAD表现出的效果图

图4-3-19 电脑效果图图例/香水瓶/学生习作/赵丹

图4-3-20 电脑效果图图例/粉色香水/学生习作/张宁

图4-3-21 电脑效果图图例/酒瓶

图4-3-22 电脑效果图图例/饮料瓶

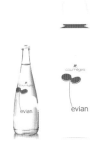

图4-3-23 电脑效果图图例/酒瓶包装

图4-3-24 电脑效果图图例/酒瓶

图4-3-25 电脑效果图图例/电热水壶包装

图4-3-26 电脑效果图图例/暖风机包装

图4-3-27 电脑效果图图例/养生壶包装

图4-3-28 电脑效果图图例/高级面巾纸盒

图4-3-29 电脑效果图图例/药品包装

图4-3-30 电脑效果图图例/药品包装

图4-3-31 电脑效果图图例/酒包装结构展开

图4-3-32 电脑效果图图例/盛世太平月饼包装

图4-3-33 电脑效果图图例/月饼包装

实践题：

习题一：

先临摹产品包装钢笔淡彩法(或钢笔彩铅马克笔法)草图25个，然后再创作包装钢笔淡彩法(或钢笔彩铅马克笔技法)构思草图25个，共50个方案。要求手绘画在大小尺寸为A4规格的纸上。

习题二：

画三张概念效果图（马克笔色粉法或水彩水粉技法），其中临摹一张、创作纸盒包装一张、创作其他类包装容器一张。要求手绘画在大小尺寸为A4规格的纸上。

习题三：

运用电脑软件设计制作一件电脑包装效果图，画幅大小尺寸为A4规格。

第五章
包装效果图表达训练方法

第一节　训练方法类型

第二节　训练方法步骤

知识要点
循序渐进正确的训练方法。

教学目的
本章节主要是对包装效果图表达方法的学习与了解，掌握包装效果图绘制所需要经过的训练步骤，要求学生综合理解和运用科学有效的方式表达，避免行为盲目的设计。

教学重点
如何合理协调地运用与掌握包装效果图的四种训练方法。

第五章 包装效果图表达训练方法

手绘包装效果图因其色彩鲜亮、质感突出以及高度艺术化等特点得到设计师们的青睐。手绘包装效果图的学习前期准备可以从写生开始入手，然后经过临摹、默写训练，最后单独进行创作形成自己的绘制手法。手绘包装效果图写生阶段可采用水粉水彩画法、彩铅画法中使用的工具材料，如铅笔、钢笔、水粉笔、水彩笔、彩色铅笔、水粉水彩颜料、调色盒、绘图纸、水彩纸等。临摹、默写、创作阶段可采用钢笔淡彩、彩色铅笔、马克笔、色粉、水粉水彩以及油画棒、丙烯等材料绘制。每一种工具材料都有其优势，应根据不同的技法合理使用，熟能生巧，学习者可慢慢体会。

第一节 //// 训练方法类型

（一）写生

写生就是在正式开始画包装效果图之前先对着各类包装容器进行实物写生的一种方式，运用速写和色彩写生来注重表现包装容器的写实性、真实性。此阶段有三个目的：一是主要加强包装效果图初学者对各类包装容器类型的感性认识；二是也可弥补初学者素描和色彩绘画表现能力基础差的缺陷；三是为下一阶段设计技法表达作准备。

1.速写

速写分快写和慢写两种，是画好效果图最基础、最基本的组成部分，尤其是设计初始阶段的构思草图，更需要速写作基础，速写本身具有很强的表现力。初学者开始作画时，往往无从下手，不知道怎么画下第一笔线条，最容易出的毛病就是琐碎、线条不流畅、主次不分明。不知道画哪一种速写形式为

图5-1-1 钢笔速写/学生习作/丁梓可

好。速写是通过线的疏密、虚实来表现对象的一种绘画形式。画速写没有捷径可走，只有经过长时间的勤学苦练，方能得心应手，速写可画成多种风格，工具材料主要采用铅笔和钢笔等。如图5-1-1至图5-1-4所示。

2.色彩写生

画包装效果图之前应先对着各类包装容器进行色彩写生，因为包装效果图最终完成的作品都是彩色

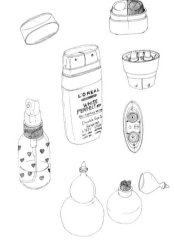

图5-1-2 铅笔速写/学生习作/唐怡

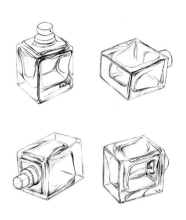

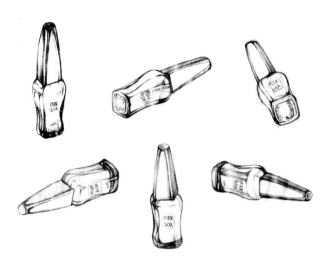

图5-1-3 铅笔速写/学生习作/沈赴　　　图5-1-4 铅笔速写/学生习作/张雯

稿。对包装容器写生应采取现实主义手法，即真实再现对象，描绘物体具象化，应表现出被画物体三度空间的立体效果，适当注意写生色彩学的关系，如固有色、环境色、光源色等。在进行色彩写生时最好是采用水粉水彩画法，便于初学者把握，也可以用彩铅画法。如图5-1-5至图5-1-9所示。

图5-1-5 纸盒包装写生/水彩/陈达强

（二）模仿

模仿就是临摹和仿制。在我们学习过程中，经常应用且较为实用的方法就是临摹。临摹是掌握技法的第一步，在临摹过程中，不能盲目地为了临摹而临摹，而是要在这一过程中肯定与接纳有价值、易掌握的技法部分，分析形、色、风格特点，训练自己的分析能力和动手能力，从中学习、提高、掌握它们规律的表现技法。临摹前最好找一些好的产品设计和包装设计草图来进行临摹，从中揣摩学习其技法要

图5-1-6 纸盒包装写生/水彩/陈达强

图5-1-8 打火机写生/水粉/学生习作/曾亚雄

图5-1-7 矿泉水容器写生/水粉/学生习作/徐蓉

图5-1-9 饮料包装写生/彩铅/学生习作/房媛

旨。如图5-1-10所示。

仿制，也指模仿。是在临摹学习阶段上又前进了一步，是把学到的或其他作品中有价值可用的部分综合运用在方案设计过程中。它虽然带有明显的被动接纳的成分，但最终通过这种选择，可以由消极转为积极，由"演习"转为"实战"，这种演进的过程，是学习设计表现技法的不可忽视的过渡环节。模仿可以找一个包装实物或照片，运用从临摹中学到的技法进行练习。如图5-1-11、图5-1-12所示。

（三）默写

1.默写训练要求

默写训练的目的是提高学生对物体造型的观察能力，辩证认识各种造型要素之间的关系，以使学生具有一定的观察、感受、记忆、快速概括的速写表现能力，以适应包装设计专业的需要。

默写训练要求学生具有提取客观形态特征的方法：对观察内容的一般概括；对动态系统的观察方法及记忆技巧能力的培养，并且对包装形态语义的领会；把握形态语义的象征意义，表现包装的情感特征；从构图、线条运用及疏密等绘画手段入手，生动而熟练地默画出记忆的对象，是进入设计创造表现的重要阶段。

默写的训练在专业表现中是非常重要的，因为在市场调研和设

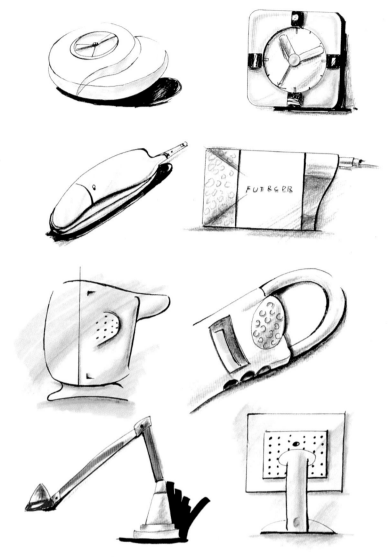

图5-1-10 产品设计草图/学生临摹习作

图5-1-11 学生模仿习作   图5-1-12 学生模仿习作

计构思中特别有价值和灵感的显现，往往发生在一瞬间，我们无法临场模写，只有靠记忆和感受，事后加以记述。需要默写的情况有两种：一种是对包装发生时，我们要将包装稍纵即逝的线条、色彩、造型、形态、结构和功能迅速记录下来；另一种是我们在浏览资料中发现了精致的包装和线型，以及灵感闪现时不能马上记录的，需要回家后再以图画的形式加以记述。对于这两种情况，我们依靠的不仅是大脑的记忆，更重要的是凭精神上的感受，不仅要记住包装的形态，还要抓住包装的功能特征。后一种默写情况是比较难的，默写要求画者对包装线条、包装色彩、包装造型的能力的理解。如图5-1-13、图5-1-14所示。

2.课程测试

(1)测试课时：2～4学时。

(2)测试内容：到媒体教室用幻灯片形式通过投影机把数件产品包装照片投射到屏幕上10分钟，或用投影的方法，把数件产品包装照片投射到教室墙面上10～15分钟。由学生观察、记忆，然后关闭投影，进行默写，目的是培养学生的观察能力、记忆能力、归纳能力和表现能力。

(3)测试要求：提前准备A4或A3图纸1张及相应的绘画工具。

（四）创作

创作包装效果图就是灵活的运用在模仿、默写过程中掌握的技法和利用形象思维、造型技巧表现构思中的包装设计形态、结构和造型，所以也称设计预想图。创作有两种情况，一种是想象画的训练，即为了增强塑造形体的能力，利用掌握的有关知识，描绘出满意的物体形象。另一种情况是想象画的使用，即为了进行设计创意，将想象中的设计形体表达出来以满足创意构思的需要。

图5-1-13 学生默写习作/彭霞辉

图5-1-14 学生默写习作/张琼 熊翼霄

创作是专业表现训练的高级阶段，也是造型设计的应用阶段。创作能全面地检查和显示设计者的造型经验和技法表达能力，进行创作练习，不但可以提高我们的形象创造能力和组织画面结构的能力，而且还可以找到表达自己设计构思、创意与观念的方式和探索独特的设计表现个性。如图5-1-15所示。

设计效果图的创作表现是学习别人表现经验的最终阶段。它标志着个人在设计表现经验、理论、技巧、实践能力等方面进入了一个新的层次。创作表现阶段是设计者根据设计作品的文脉、内涵、形式、构成等因素，在表现过程中有效地通过一些成熟的想法和手法的应用，使设计作品本身更加突出、更加完美地表现出来，生动感人、耐人寻味。

由此可见，学习的方法是进入一个由浅入深、由简单到复杂的递进过程，而反复训练这个阶段性的内容，则能增强技法的提高。应该明确的是，学习的目的是为了更好地应用这一技能，服务于设计。

图5-1-15 构思草图/学生创作习作/彭帅

第二节 ///// 训练方法步骤

（一）训练方法步骤一

此方法是自始至终不一定画同一件包装容器，每个阶段可以画不同的包装容器。

1. 先找两种包装容器（建议用纸品包装或玻璃容器包装），对着包装容器进行写生，写生时可采用速写和色彩写生的画法。画速写时应表现包装容器的各个侧面的透视角度，可以把两种类型包装容器画在一张纸上。如图5-2-1所示。

2. 然后选择范本进行临摹练习。临摹分两个阶段进行：一是采用钢笔彩铅马克笔技法或钢笔淡彩技法简易着色，此阶段就是手绘构思草图；二是采用色粉马克笔技法临摹概念效果图。临摹的构思草图和概念效果图可以是工业产品设计草图，也可以是包装设计草图。如图5-2-2、图5-2-4所示。

3. 通过临摹掌握构思草图、概念效果图的技法原理，在此基础上进行创作练习来完成手绘包装构思草图和概念效果图。也可以在临摹的基础上再进行默写练习。如图5-2-5、图5-2-6所示。

4. 最后通过电脑运用设计软

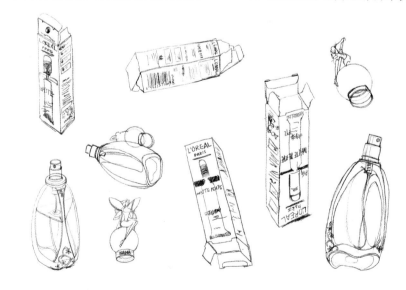

图5-2-1 学生速写习作/滕菲菲

图5-2-2 产品设计构思草图／学生临摹习作

图5-2-3 产品设计概念效果图／学生临摹习作

图5-2-4 包装容器概念效果图／学生临摹习作

图5-2-5 纸盒构思草图／学生创作习作／李惠慧

件再完成一件包装精细效果图。如图5-2-7所示。

（二）训练方法步骤二

此方法是自始至终画同一件或两件包装容器。此方法有两种情况：

1.在一张纸上画一件包装容器

⑴先找一件包装容器（建议用

纸品包装或玻璃容器包装），对着包装容器进行写生，写生时可采用速写和色彩的画法。速写可表现包装容器的正面、背面、侧面、顶面等各个面的角度。色彩写生只选择一个透视角度即可。如图5-2-8、图5-2-9所示。

⑵根据画好的速写稿再选择多个最佳角度的包装，在A4纸上先用钢笔勾线，再采用钢笔淡彩法、钢

图5-2-9　色彩写生／水粉／学生习作

图5-2-6　容器概念效果图／学生创作习作

图5-2-7　电脑精细效果图／学生习作／旷诗怡

图5-2-8　速写／铅笔／学生习作

笔彩铅马克笔法或水溶性彩铅法对其进行简易着色，此阶段就是手绘构思草图。如图5-2-10所示。

(3)在构思草图多个方案中选择一个最佳角度的方案在A4图纸上进行放大，完成一张放大的，且更加细致、真实的手绘概念效果图。如图5-2-11所示。

(4)最后运用电脑软件再完成一件包装精细效果图，当然也可根据课程周时，安排最后一周自拟课题创作一件包装，也可以先手绘草图多个，然后选择一个最佳方案在电脑里完成精细效果图。如图5-2-12所示。

2.在一张纸上画两件包装容器

可同时将纸品包装和玻璃或塑料包装两种类型的包装容器的每一个步骤画在每一张8开图纸上，如图5-2-13至图5-2-15所示。

训练方法及步骤由教师根据课程情况自行设计，训练的方法和形式可多种多样，但无论哪种方法及形式，都离不开从写生、模仿、默写到创作这一训练过程和学习规律。

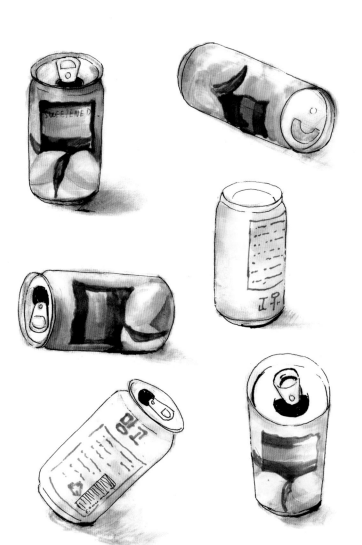

图5-2-11 概念效果图/彩铅色粉技法/学生习作

图5-2-12 芒果包装/电脑效果图/学生习作/李康佳

图5-2-10 构思草图/水溶性彩铅法/学生习作

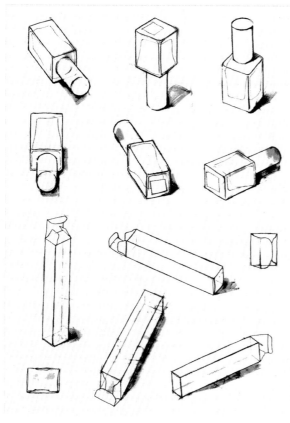

图5-2-13 速写／铅笔／学生习作

图5-2-15 电脑展示效果图／陈达强

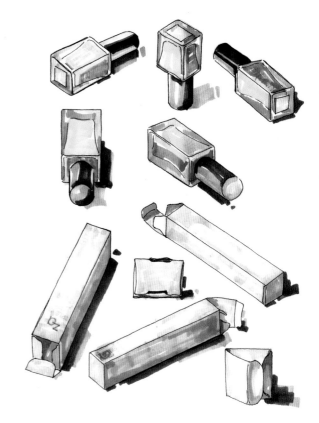

图5-2-14 构思草图／钢笔马克笔法／学生习作／伍洲

实践题：

习题一：

对着包装物体进行速写和色彩写生练习，其中在16开或A4规格纸张上画速写12个方案、色彩写生画2张，使用手绘工具材料，色彩限水粉水彩画法、彩铅画法。

习题二：

临摹产品包装钢笔淡彩法(或钢笔彩铅马克笔法)草图25个，在16开或A4规格纸张上临摹产品包装概念效果图（马克笔色粉法或水彩水粉法）2个。

习题三：

在16开或A4规格纸张上默写包装设计草图15个，技法不限。

习题四：

在16开或A4规格纸张上创作包装设计草图25个，创作包装概念效果图2个，技法不限。

第六章
包装效果图作品赏析

第一节 作品范例点评

第二节 优秀作品欣赏

知识要点
提高鉴赏力和审美力。

教学目的
本章节主要是针对优秀包装效果图作品进行细致深入的点评，其目的旨在引导读者正确地欣赏和鉴赏作品，从中领悟美的设计艺术真谛和艺术美带来的视觉享受。

教学重点
正确引导读者对优秀包装效果图作品的欣赏。

第六章　包装效果图作品赏析

效果图既是应用绘画艺术，也是专业性很强的设计艺术，包装效果图有着极强的目的性及特点，因此在学习和应用中应充分地理解、准确地把握其艺术规律。本章选录的示范作品是笔者近几年在从事效果图技法课程教学指导中的部分学生课堂习作和收集的资料作品。通过欣赏、学习，可使读者熟知、学生掌握包装形态结构、线条的表现力、色彩、材质的表达能力和对优秀作品的鉴赏力，以及提高对作品的审美功能水平，为学生今后的创新设计夯实基础。

第一节　作品范例点评

通过前几章的学习，对包装效果图的概念特点、包装效果图的构成要素、包装效果图的各种表现技法等方面，有了较全面深入的认识、了解和掌握。在此基础上，为增强对包装效果图的直观认识和理解，分享前几届师生效果图技法课程教学中的部分成果，笔者特选择了有代表性的部分学生课堂习作进行点评分析，以供读者从中品读、领悟和鉴赏。

图6-1-1 学生作品/吴柯

这一组包装设计草图是使用彩铅工具绘制的，根据包装内容和造型的不同特点，有的用直线表达，有的用曲线表达，用笔用线都轻松随意，表现包装物体光影细腻柔和，明暗过渡处理较好，立体感较强。形体特征各异，色彩对比艳丽、明快、强烈，很好地表现了彩铅工具材料的特性，整体风格协调统一。

图6-1-2 学生作品

　　这是一张用马克笔绘制的构思草图，在这组草图里画面设色明快，用笔挥洒自如，简洁大方，用线娴熟流畅，单纯而寥寥几笔就准确地勾画出包装的轮廓形体，明快而简洁的色块轻松表现了包装处在光源下呈现的立体效果。图案和小文字的细部刻画与表达逼真细致，阴影的处理既概括又有变化。整幅作品把马克笔的特点发挥得淋漓尽致，很好地表现了主题包装的内容信息及效果。

图6-1-4 学生作品/王凯　谢倩　朱怡

　　这一组草图是使用钢笔淡彩技法表现的，该作品运用渲染法充分而淋漓尽致地表现了水彩透明特性。画的包装容器表达得非常透气，用色自然韵味，用线粗细有变化，材料质感表达细腻，容器造型新异生动而又富于美感，展示了水彩独具特色的风格，且另有一番效果和品位，具有很强的观赏性，不失为一张优秀作品。

图6-1-3 学生作品/高婕

　　这是一幅用马克笔和彩铅混合画法绘制的构思草图作品。以马克笔为主，配以彩铅为辅，对工具材料性能掌握娴熟，包装物体的色相对比鲜艳，明亮与柔和的对比处理更是和谐韵致，表现的主体包装立体感和真实感较强，阴影处理高度概括，简单明了，透明玻璃质感表达具有真实感，各物体造型富于变化，用笔动静有致，收放自如，且画面富于美感，观赏性极强。

图6-1-5 学生作品/范雪松

　　该作品是一幅用钢笔马克笔色粉技法表现的概念效果图，采用的是正视图画法，虽不能直接看出物体的透视效果，但运用光影规律同样可表现出物体微妙的立体感。瓶身用色粉擦出的玫瑰红，明暗退晕柔和，容器造型整体刻画细腻，用线工整精致，比例准确，反光材质表现逼真，色相对比亮丽，极具设计感。

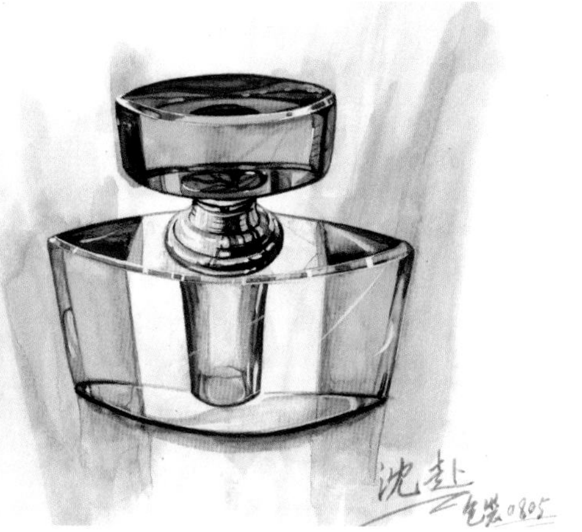

图6-1-6 学生作品/潘小忱

　　通过该幅作品可看出作者能熟练地掌握色粉技法，对包装容器反光强烈的材料质感和光亮效果的表达真实，瓶身局部刻画细致，结构与功能、线条与色彩的表达科学合理并具艺术感染力，辅以背景衬托恰到好处，背景和主体物，主体物内外部在线条的粗与细、黑与白关系处理的对比上主次分明，强弱得当，整体色调把握较好，设计风格谐调统一。

图6-1-7 学生作品/沈赴

　　该作品是一幅用水彩技法表现的男士香水瓶的概念效果图。底纹笔刷的底色非常大气，浓淡变化丰富，很好地衬托了主体容器，瓶子和背景色调处理融为一体，和谐自然，既把水彩透明的特点表现得生动有趣，也把水彩可以刻画物体细腻的特点表现得完美极致。主体物的深浅轮廓线条表达细致精到，轻重粗细对比有方，刻画的玻璃瓶内部结构清晰明了，透明感极强，瓶颈黄色金属材质表达也非常逼真，形、色、线都符合男士香水瓶的造型特征，最后点缀的白色高光起到画龙点睛作用，不失为一幅上乘佳作。

图6-1-8 学生作品

　　这是一幅用色粉、马克笔和彩铅结合绘制的纸盒包装概念效果图作品。主要展示面的图案设计美观大方，线条描绘富于律动，鱼鳞的局部刻画细致，层次分明，条理清晰，用线表现的纸盒轮廓及结构科学合理，主体物造型庄重大气，湖蓝色调富于层次变化又单纯统一，色彩表达韵味有致，形与色在统一中求变化、丰富中求单纯。阴影部分用马克笔进行处理高度概括、简洁。作品充分利用白纸作底色很好地烘托了包装主体，画面显得简洁干净、落落大方。

图6-1-9 学生作品/熊珍琳

这是一幅用水彩技法表现的经典作品，作者采用了二点成角透视绘制，透视比例准确，底色用笔大胆明快，融中国山水画写意笔墨之特点，潇洒自如，灵动大气，富于美感，使画面增添了生动气息。主体包装用线成熟精到，用色透明艳丽，线与色融为一整体，和谐自然。对主题包装的描绘运用水彩技法中的退晕手法表达细腻、自然、真实，且恰到好处，使包装具有很强的立体效果，观其形态，惟妙惟肖；品其用色，栩栩如生；感其造型，呼之欲出。文字与图案局部的细致刻画更是整幅作品的画龙点睛之笔，使包装经久耐看，余味无穷。从整体来看主体包装与背景用色强弱得当，浑然一体，具有很强的视觉张力，确实是一幅很难得的上乘佳作。

图6-1-11 "Mayrah"酒包装设计

这是来自美国的设计师Eulie Lee为澳大利亚的一种名叫Mayrah的酒设计的外包装。在当地土著语中，"Mayrah"表示"春天"的意思。整个酒瓶外包装色彩鲜艳，线条明快。图案以动物为主，有飞翔的小鸟，跳跃的海豚，奔跑的袋鼠。这些图案无不充满了活力，表达春天终于到来的喜悦心情，十分应题。系列化的酒瓶设计，个个都很漂亮。该作品入围2008年Adobe举办的设计突破奖，获得同年《HOW》杂志国际设计奖优秀奖，Graphis年度创新金奖。

图6-1-13 学生作品/陈卓

这是一幅用电脑软件CorelDRAW绘制的包装精细效果图。看其画面效果可知该学生软件掌握能力娴熟，主题包装的比例、透视非常准确，明暗退晕清晰，效果表达真实而耐看，背景点缀花的图案与包装倒影的表达恰如其分地起到了烘托主体的作用，更增添了画面的层次感、空间感和丰富感。作者善用电脑软件的优势刻画文字图案等，细节翔实，逼真入微，使整体作品富于节奏与律动的视觉形式感，表现得近乎完美。从作品完成的质量可看出该学生的美术基础扎实，将科技与艺术的融合概念在此得以充分体现。

图6-1-10 可口可乐概念包装设计

这个酷酷的可乐瓶叫Mystic，是目前可口可乐公司（Coca Cola）邀请法国产品设计师Jerome Olivet替未来的产品打造的一款瓶身。流线型的设计未来感十足，据设计师所说，曲线型的外观是希望人的手可以和瓶子更舒适地接触，因此结合了流体力学和人体工学的设计概念。红色瓶身在稳重的黑底衬托下非常醒目而协调。

图6-1-12 Van Cleef&Arpels香水瓶包装

由于Van Cleef&Arpels灿烂辉煌的品牌历史，以及终端用户对该品牌香水的独特需求，势必要求香水瓶的造型设计充满奢华、高贵的感觉，从而增强货架吸引力。该款香水瓶的最大特点是造型紧凑、小巧，宛如一个指环，瓶盖上镶有一颗带有巴洛克典雅风格的华丽宝石，就像一颗闪亮的碧玺。整款包装充满了高贵、神秘的东方风情。该作品获得2010 Pentawards国际包装设计奢侈品类铂金奖。

图6-1-14 Grappa Norton酒包装

阿根廷设计师Estudio Iuvaro作品，根据消费者的要求集优雅与创新于一身，作品中商标和说明都是直接印在瓶身，纯净而又典雅。瓶身用动静结合的直线与曲线搭配，造型优美雅致，凸显高档贵气，令人神往。

图6-1-15 可口可乐未来包装设计

世界知名的可口可乐饮料一直拥有众多的消费者。一位法国设计师Julien Muller特意设计了这款新型包装以表达对其的喜爱。这款包装为铝制，瓶身细高而轻盈，颜色多样而鲜艳。曲线的纹饰贯穿整个瓶身，让瓶子显得动感十足。

图6-1-16 耐克高尔夫球类包装设计

耐克高尔夫球类的包装在市场上希望区别于竞争对手，在此之前，所有的包装被认为是支离破碎的，这包括了包装上对品牌和具体信息的传达是很不一致的，对于消费者来说更是难以识别，也因此耐克公司针对此类产品在包装设计上做了全面的革新。设计公司针对问题提出解决的办法：整合子品牌——将它移动至外观的统一位置；耐克品牌标志虽处于次要地位，但统一的大小与位置让包装对品牌的识别更加清晰；在维持原有色彩印象之外，针对系列包装的整体色彩做出明确的区隔与划分。

图6-1-17 马爹利XO酒包装

马爹利XO是干邑艺术的完美创新。马爹利XO的外观设计体现了马爹利独立自创的精神，以及对完美的执著。马爹利崇尚具有时代感的建筑艺术。马爹利XO的拱形瓶身设计亦来源于建筑灵感，酒樽原本就有独特的桥拱型设计，拥有强烈的视觉效果，是睿智与灵感的象征，更恰如其分地展现了马爹利为世间美好事物创造互通的桥梁的意愿。这款水晶瓶的中心形如酒滴，瓶肩镀金花纹在瓶身优美曲线的映衬下，不疾不徐地诉说着法兰西的高贵典雅，更是一件独一无二的艺术品。瓶身外观在暗红背景衬托下镜面材质与酒液之间，光影交错辉映，线条曼妙婀娜。而穹顶的金属弧线，更和XO瓶身的弧线形成呼应，浑然天成。设计从艺术视角演绎了这一款马爹利XO所独具的优雅、尊贵与奢华。成为极具现代感、空间感及形式美感的艺术品，灵动世界。该作品获得2009Pentawards国际包装设计钻石铂金奖。

图6-1-18 YSL伊夫圣罗兰香水瓶包装设计

Yves Saint Laurent伊夫圣罗兰香水品牌为YSL Elle香水推出了多款限量版包装。这些新包装是由德国美术设计师和艺术家Axel Peemoeller创作的。Axel Peemoeller设计的香水瓶和包装盒具有鲜明的风格。白色的瓶身上印着生动的印花和涂鸦。这些图案设计非常随意且又富有情调，它们现代、自然、美丽的形象毫无例外地吸引了众多粉丝的目光。

图6-1-19 珠江纯生啤酒/靳埭强

这是香港著名设计大师靳埭强先生设计的珠江纯生新装。瓶身以点代珠，造型纤细、线条流畅，让人拿着喝的时候有轻松的手感。瓶身整体设计成绿黄色调，让人看了十分亲切、舒适。

图6-1-20 竹叶青茶叶包装设计/陈幼坚

被誉为香港设计教父的陈幼坚先生，曾荣获香港及国际奖项400多个，蜚声中外，作品遍布世界各地，其"东情西韵"的设计理念，更是与竹叶青茶文化的精神内涵不谋而合。这两幅效果图是陈幼坚先生全新设计的竹叶青至尊论道包装盒装，上图在比例匀称的正方木盒上印上"论道·竹叶青"文字，设计简约，散发大气，画面光影的处理让人感受到品位高雅，凝重深邃的茶文化内涵；下图的设计具有日本禅味的原木盒，配以《道德经》摘章与水晶玻璃棒缀饰，看上去如同珍藏贵重书画卷轴的长形锦盒，盒上印上道德经文字，既时尚又富冲击力，代表品牌年轻活力的一面，有源源不绝的含意，画面光影的处理增加了作品宁静而致远的意境。

图6-1-21 轩尼诗XO酒包装

轩尼诗XO是轩尼诗家族的灵魂，由超过百种出自四大干邑产区并蕴藏于"创始人酒窖"的非凡"生命之水"精心酿造而成，其中更有200多年前珍藏至今的极品"生命之水"。这一款面世的金光璀璨的限量版轩尼诗XO干邑，高雅豪华，气派尽显。是集设计艺术、极致工艺和收藏价值于一身的典藏版干邑。该款酒瓶上缀有水晶的干邑，是富豪家中酒柜的新宠。效果图片中的酒瓶在黑底映衬下黑白对比强烈，光影处理非常独特，彰显高贵至尊，庄重典雅，气派非凡，散发出轩尼诗XO唯我独尊的不俗气质。

第二节　优秀作品欣赏

商品销售包装设计融艺术设计、包装技术和商品营销于一体，具有浓重的艺术与商业成分，但不是纯粹的艺术欣赏品，具有实际应用和审美观赏的双重性能。包装效果图的实现过程是在展开有条件限制的感性形象思维与艺术表现创造活动的过程。因此，包装效果图是包装艺术设计的重要组成部分，是典型的艺术设计，属视觉传达设计范畴。在欣赏包装效果图作品中，需要借助现代包装视觉传达设计形式美法则，从包装设计的创意思维方法、艺术形式与技术表现手法以及对现代包装科技的应用等方面得到启示和领悟。以下是学生课堂习作和本人收集的一些图片资料，表现风格各异，读者可从中体会。

图6-2-1 学生作品/杨蓥

图6-2-3 学生作品

图6-2-5 学生作品/林芳如

图6-2-2 学生作品/陈璐

图6-2-4 学生作品/虢力靖

图6-2-6 学生作品/虢力靖

图6-2-7 学生临摹作品

图6-2-9 学生作品/黄冰凤

图6-2-8 学生作品/杨琴华

图6-2-10

图6-2-11 学生作品／赵贲

图6-2-13 学生作品／王雅慧

图6-2-12 学生作品／柯雨

图6-2-14 学生作品／朱晗璐

图6-2-15

图6-2-16 学生作品/周思琪

图6-2-18 向爵/湖北工业大学

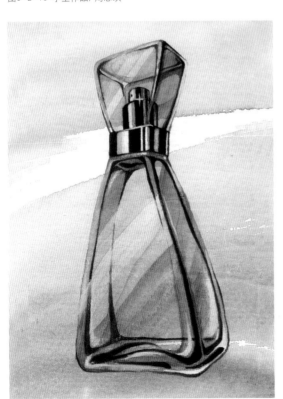

图6-2-17 学生作品

图6-2-19 杨静/湖北工业大学

图6-2-20 2008 Pentawards国际包装设计/银奖　　图6-2-22 伏特加酒包装设计　　　　　　图6-2-24 2008 Pentawards国际包装设计/金奖

图6-2-21 2008 Pentawards国际包装设计/铜奖　　图6-2-23 酒包装　　　　　　　　　图6-2-25 2008 Pentawards国际包装设计/金奖

图6-2-26 伏特加酒精品包装

图6-2-29 茶水包装/2008 Pentawards国际包装设计/金奖

图6-2-32 瑞典伏特加酒包装

图6-2-27 伏特加酒精品包装

图6-2-30 伏特加酒精品包装

图6-2-33 伏特加酒精品包装

图6-2-28 国外红酒包装设计

图6-2-31 国外红酒包装设计

图6-2-34 酒包装

图6-2-35 伏特加酒包装设计

图6-2-38 3R龙舌兰酒包装设计

图6-2-41 2008 Pentawards国际包装设计/银奖

图6-2-36 2011 Pentawards国际包装设计/银奖

图6-2-39 2011 Pentawards国际包装设计/银奖

图6-2-42 2011 Pentawards国际包装设计/金奖

图6-2-37 酒包装

图6-2-40 酒包装

图6-2-43 酒包装

图6-2-44 2008 Pentawards国际包装设计／银奖

图6-2-47 2008 Pentawards国际包装设计／银奖

图6-2-50 2008 Pentawards国际包装设计／铜奖

图6-2-45 2011 Pentawards 国际包装设计／金奖

图6-2-48 2011 Pentawards 国际包装设计／金奖

图6-2-51 七宗罪酒包装／2011 Pentawards国际包装设计／银奖

图6-2-46 2011 Pentawards国际包装设计／铜奖

图6-2-49 酒包装

图6-2-52 酒包装

图6-2-53 酒包装

图6-2-56 LoTengo 酒包装设计

图6-2-59 2010 Pentawards国际包装设计/饮料
类铂金奖

图6-2-54 酒包装

图6-2-57 饮料包装

图6-2-60 瓶子包装设计

图6-2-55 2008 Pentawards国际包装设计/钻石
铂金奖

图6-2-58 2008 Pentawards国际包装设计/银奖

图6-2-61 酒包装

图6-2-62 2008 Pentawards国际包装设计/铜奖

图6-2-65 2009 Pentawards国际包装设计奖

图6-2-68 2008 Pentawards国际包装设计/银奖

图6-2-63 美国 os-design 包装

图6-2-66 欧洲 NIVEA 护肤品

图6-2-69 酒包装

图6-2-64 黑色典雅酒包装

图6-2-67 酒包装

图6-2-70 马爹利XO酒包装

图6-2-71 Tequila Malafé 酒包装

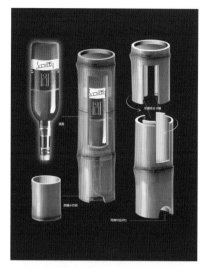

图6-2-74 红酒竹筒包装/2006"世界学生之星"

图6-2-77 酒/2011 Pentawards国际包装设计/金奖

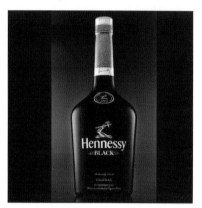

图6-2-72 轩尼诗/2009 Pentawards国际包装设计/铜奖

图6-2-75 2010 Pentawards国际包装设计/饮料类金奖

图6-2-78 2010 Pentawards国际包装设计/饮料类银奖

图6-2-73 伏特加酒包装设计

图6-2-76 学生作品/丁显哲

图6-2-79 酒包装

图6-2-80 乌克兰创意酒标签设计

图6-2-83 啤酒包装设计

图6-2-86 瓶装产品设计

图6-2-81 2008 Pentawards国际包装设计／铜奖

图6-2-84 酒包装

图6-2-87 乌克兰创意酒标签设计

图6-2-82 酒包装

图6-2-85 学生作品／杨媛

图6-2-88 酒包装

图6-2-89 2010 Pentawards国际包装设计/饮料类铜奖

图6-2-92 酒包装

图6-2-95 2008 Pentawards国际包装设计/银奖

图6-2-90 酒包装

图6-2-93 酒包装

图6-2-96 2010 Pentawards国际包装设计/饮料类银奖

图6-2-91 2008 Pentawards国际包装设计/铜奖

图6-2-94 2008 Pentawards国际包装设计/铜奖

图6-2-97 2009 Pentawards国际包装设计/铜奖

图6-2-98 酒瓶标签设计

图6-2-101 饮料包装

图6-2-104 2010 Pentawards国际包装设计/饮料类金奖

图6-2-99 可口可乐/2008 Pentawards国际包装设计/金奖

图6-2-102 2009 Pentawards国际包装设计/铜奖

图6-2-105 2009 Pentawards国际包装设计/金奖

图6-2-100 酒类形象包装设计

图6-2-103 酒包装

图6-2-106 水包装

图6-2-107 乌克兰创意酒标签设计

图6-2-110 LoTengo 酒包装设计

图6-2-113 水包装

图6-2-108 极简风格包装设计

图6-2-111 极简风格包装设计

图6-2-114 2011 Pentawards国际包装设计/金奖

图6-2-109 饮料包装

图6-2-112 水包装

图6-2-115 俄罗斯FIRMAb包装设计

图6-2-116 芝华士纯正红酒包装

图6-2-119 乌克兰创意酒标签设计

图6-2-122 瓶子包装设计

图6-2-117 酒包装

图6-2-120 酒包装

图6-2-123 酒包装

图6-2-118 瓶装产品设计

图6-2-121 2011 Pentawards国际包装设计/铜奖

图6-2-124 酒包装

图6-2-125 2009 Pentawards国际包装设计/银奖

图6-2-128 2008 Pentawards国际包装设计/银奖

图6-2-131 2008 Pentawards国际包装设计/铜奖

图6-2-126 2009 Pentawards国际包装设计/金奖

图6-2-129 酒包装

图6-2-132 国际品牌包装设计

图6-2-127 2011 Pentawards国际包装设计/银奖

图6-2-130 2011 Pentawards国际包装设计/银奖

图6-2-133 2011 Pentawards国际包装设计/铜奖

图6-2-134 化妆品包装

图6-2-137 Samurai Vodka 武士伏特加酒包装

图6-2-140 2010 Pentawards国际包装设计/饮料类金奖

图6-2-135 饮料包装

图6-2-138 酒包装

图6-2-141 水包装

图6-2-136 酒包装

图6-2-139 伏特加酒包装设计

图6-2-142 苏打酒包装设计

图6-2-143 人头马酒包装

图6-2-146 乌克兰创意酒标签设计

图6-2-149 Casa de Luna酒包装

图6-2-144 瓶子包装设计

图6-2-147 瓶子包装设计

图6-2-150 瓶装产品设计

图6-2-145 2011 Pentawards国际包装设计/金奖

图6-2-148 2009 Pentawards国际包装设计奖

图6-2-151 可口可乐概念包装设计

图6-2-152 2011 Pentawards国际包装设计/金奖

图6-2-155 2010 Pentawards国际包装设计/饮料类金奖

图6-2-158 酒包装

图6-2-153 护肤品包装

图6-2-156 化妆品包装

图6-2-159 香水包装/2011 pentawards国际包装设计/铜奖

图6-2-154 酒包装

图6-2-157 护肤品包装

图6-2-160 饮料包装

图6-2-161 2010 Pentawards国际包装设计/饮料类金奖

图6-2-164 2009 Pentawards国际包装设计/铜奖

图6-2-167 饮料包装

图6-2-162 2010 Pentawards国际包装设计/食品类金奖

图6-2-165 2010 Pentawards国际包装设计/饮料类金奖

图6-2-168 酒包装

图6-2-163 可口可乐2010年冬季奥林匹克运动会全新包装

图6-2-166 百事可乐包装

图6-2-169 啤酒包装

图6-2-170 啤酒包装设计

图6-2-174 可口可乐/2010 Pentawards国际包装设计/饮料类银奖

图6-2-178 饮料包装

图6-2-171 可口可乐/2008 Pentawards国际包装设计/金奖

图6-2-175 食品包装

图6-2-179 2009 Pentawards国际包装设计/铜奖

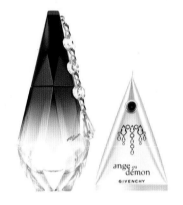

图6-2-172 2008 Pentawards国际包装设计/金奖

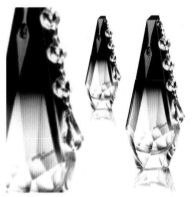

图6-2-176 2008 Pentawards国际包装设计/金奖

图6-2-180 第56届戛纳广告节包装设计银奖

图6-2-173 2008 Pentawards国际包装设计/金奖

图6-2-177 2009 Pentawards国际包装设计/钻石铂金奖

图6-2-181 创意独特包装设计

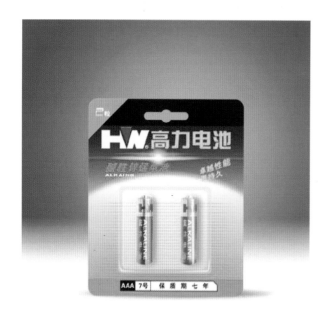

图6-2-182　电池包装

图6-2-183　学生作品/姚重阳

图6-2-184　个性化防伪药品包装/2006 "包装之星"

图6-2-185　学生作品/姚重阳

图6-2-186　龟鳖丸包装设计/陈幼坚

图6-2-187　学生作品/杜囡囡

图6-2-188 学生作品/孙津其

图6-2-191 手提袋设计

图6-2-189 学生作品/唐怡

图6-2-192 "Mayrah" 酒盒设计

图6-2-190 Milli鞋包装

图6-2-193 天方夜谭酒包装

图6-2-194 酒包装

图6-2-195 天方夜谭酒包装

图6-2-196 酒包装

图6-2-197 德国经典茶叶包装设计

图6-2-198 德国经典茶叶包装设计

图6-2-199 易拉罐包装设计

图6-2-200 药品包装

图6-2-201 饮料包装

图6-2-202 剃须刀包装

图6-2-203 2009 香水包装

图6-2-204 2009 Pentawards国际包装设计/铜奖

图6-2-205 Hohes C果汁包装

图6-2-206 论道·竹叶青茶包装设计/陈幼坚

图6-2-207 "赏"月饼礼盒包装/2006 "包装之星"

图6-2-208 食品包装

图6-2-211 阿里郎蓝莓酒包装设计

图6-2-209 橄榄油包装设计

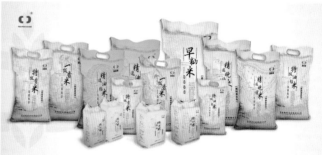

图6-2-212 湘渌米业系列包装效果图/卢嘉博 张阳/指导教师 张永年

图6-2-210 粽子包装

图6-2-213 粽子包装

图6-2-214 铁观音茶包装

图6-2-215 白酒包装

图6-2-216 白酒包装

图6-2-217 特宣贡酒包装

图6-2-218 喜酒包装设计

图6-2-219 白酒包装

图6-2-220 高档白酒包装盒设计

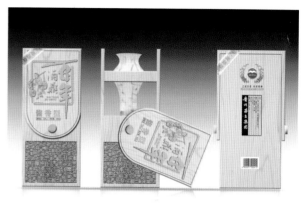

图6-2-223 高档白酒包装盒设计

图6-2-221 高档酒包装

图6-2-224 羞山官厅银丝挂面包装

图6-2-222 动感正方体包装盒设计

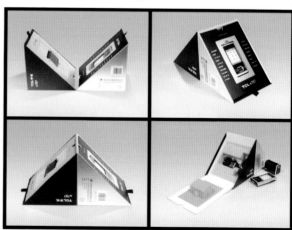

图6-2-225 2006 "包装之星"

图6-2-226 时尚香水瓶包装设计

图6-2-229 香水包装设计

图6-2-232 香水包装设计

图6-2-227 2010 Pentawards国际包装设计／钻石奖

图6-2-230 2008 Pentawards国际包装设计／铜奖

图6-2-233 2008 Pentawards国际包装设计／铜奖

图6-2-228 2008 Pentawards国际包装设计／银奖

图6-2-231 万宝路香烟包装设计

图6-2-234 骆驼香烟包装设计

图6-2-235 2008 Pentawards国际包装设计/铜奖

图6-2-238 2009 Pentawards国际包装设计奖

图6-2-241 美容/2010 Pentawards国际包装设计/银奖

图6-2-236 国外时尚香水包装插画设计

图6-2-239 国外时尚香水包装插画设计

图6-2-242 兰蔻梦魅香水

图6-2-237 饮料/2009 Pentawards国际包装设计/铜奖

图6-2-240 纸盒包装

图6-2-243 世界奢侈品牌香水包装

图6-2-244　2010　Pentawards国际包装设计／食品类银奖

图6-2-247　家乐福食品包装

图6-2-250　家乐福食品包装

图6-2-245　2011　Pentawards　国际包装设计／奢侈品类铂金奖

图6-2-248　2008　Pentawards国际包装设计／钻石铂金奖

图6-2-251　纸袋包装设计／陈幼坚

图6-2-246　波士Bols　酒瓶设计

图6-2-249　牛奶包装

图6-2-252　时尚香水瓶包装设计

图6-2-253 2011 Pentawards国际包装设计/金奖

图6-2-257 2011 Pentawards国际包装设计/金奖

图6-2-261 2009Pentawards国际包装设计奖

图6-2-254 2011 Pentawards国际包装设计/铜奖

图6-2-258 2009 Pentawards国际包装设计奖

图6-2-262 2011 Pentawards国际包装设计/银奖

图6-2-255 酒包装

图6-2-259 耐克高尔夫球类全新包装设计

图6-2-263 路易十三酒包装

图6-2-256 Moure化妆品包装

图6-2-260 瓶状物品包装设计

图6-2-264 瓶装产品设计

图6-2-265 2010 Pentawards国际包装设计／奢侈品类金奖

图6-2-269 化妆品／2010 Pentawards国际包装设计／铜奖

图6-2-273 2011 Pentawards国际包装设计／金奖

图6-2-266 2008 Pentawards国际包装设计／铜奖

图6-2-270 法国瑞森包装设计

图6-2-274 2008 Pentawards国际包装设计／铜奖

图6-2-267 2008 Pentawards国际包装设计／银奖

图6-2-271 2010 Pentawards国际包装设计／食品类银奖

图6-2-275 Epica大赛包装设计获奖作品

图6-2-268 创意独特包装设计

图6-2-272 2011 Pentawards国际包装设计／铜奖

图6-2-276 2011 Pentawards国际包装设计／银奖

图6-2-277 ipod家族包装设计

图6-2-280 Epica大赛包装设计获奖作品

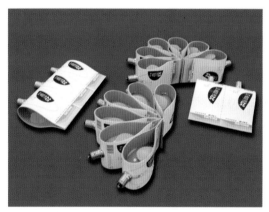

图6-2-278 灯泡包装/2006 "世界学生之星"

图6-2-281 充电器包装设计

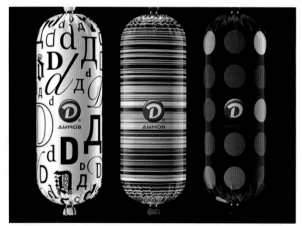

图6-2-279 多彩香肠包装

图6-2-282 食品包装

图6-2-283 食品包装

图6-2-284 插画及产品包装设计　　　　　　　图6-2-287 插画及产品包装设计

图6-2-285 食品包装　　　　　　　　　　　图6-2-288 食品包装

图6-2-286 食品包装　　　　图6-2-289 食品包装　　　　图6-2-290 插画及产品包装设计

图6-2-291 书籍包装设计

图6-2-294 商业酒瓶包装/2011 pentawards国际包装设计/银奖

图6-2-297 阿迪达斯品牌包装

图6-2-292 轩尼诗酒包装

图6-2-295 奢侈品包装

图6-2-298 奢侈品包装

图6-2-293 耐克高尔夫球类全新包装设计

图6-2-296 饮料包装

图6-2-299 伏特加酒精品包装

图6-2-300 欧洲 NIVEA 护肤品

图6-2-303 路易十三酒包装

图6-2-306 瓶装水包装

图6-2-301 牛奶包装

图6-2-304 奢侈品包装

图6-2-307 橄榄油包装

图6-2-302 欧洲 NIVEA 护肤品

图6-2-305 世界奢侈品牌香水包装

图6-2-308 世界奢侈品牌香水包装

图6-2-309 饮料包装

图6-2-312 2010 Pentawards国际包装设计／食品类银奖

图6-2-314 香水包装设计

图6-2-310 Earbudeez系列耳机产品包装／ 2009 Pentawards国际包装设计奖

图6-2-313 香水包装设计

图6-2-315 香水包装设计

图6-2-311

图6-2-316

课堂习题:

习题一:如何鉴赏包装效果图作品?

习题二:如何看待包装效果作品中的艺术美感?

参考文献 >>

1. 陈达强．对包装设计效果图技法课程教学方法改革的理论探讨.包装世界，2007．

2. 俞伟江.产品设计快速表现技法．福州：福建美术出版社，2005．

3. 谢庆森、陈东祥．产品造型设计表现方法．天津：天津大学出版社，1994．

4. 谭媛媛、焦健、那成爱、李晓卿.产品设计表现技法.合肥：合肥工业大学出版社，2006．

5. 胡雨霞、梁朝昆．再现设计构想——手绘草图／效果图.北京：北京理工大学出版社，2006．

6. [日]清水吉治.产品设计效果图技法.北京：北京理工大学出版社，2003．

7. 王亦敏、张海林.手绘表现技法教程——工业设计篇.天津：天津大学出版社，2006．

8. 过山、谭曼玲.现代包装设计.长沙：湖南人民出版社，2007．

9. 陈罗辉、肖晟．现代效果图表现技法.长沙：湖南人民出版社，2007．

10. 邓卫斌.工业设计手绘效果图步骤详解.武汉：湖北美术出版社，2006．

11. 倪献鸥.工业设计效果图精解.杭州：浙江人民美术出版社，2004．

12. 聂磊.工业造型设计.武汉：湖北美术出版社，2006．

大部分手绘作品为湖南工业大学包装设计艺术学院和湖南工业大学科技学院2004—2009级包装设计专业学生课堂习作，这些学生是：曾琳、肖雅婷、欧阳蕾、雷志润、陈卓、陈璐、吴柯、何军、虢力婧、王雅慧、唐湘香、殷雪、王凯、袁佳、袁野、胡凯、范雪松、黄华妍、周思琪、李文娟、赵贲、姚重阳、张宁等同学，他们为书中的插图付出了辛勤劳动，在此表示由衷的感谢!

有多幅收集的资料图片和电脑效果图图片由网上下载，无法署名，在此一并致谢!

后记 >>

改革开放以来，我国包装工业迅猛发展，在国民经济中的地位日益重要。我国艺术设计院校包装设计专业开设的包装课程虽很多，使用的包装设计教材也不少，但关于包装设计效果图技法方面的教材和编著却寥寥无几。为了适应现代包装工业发展的新要求，为了适应现代包装教学需要，充实完整包装设计教材体系，本人拟定编一本全新的包装效果图教材。该教材在吸收行业已有研究成果的基础上努力克服现有同类教材的不足，旨在提供一本好教好学的包装效果图教材。为此，在编写过程中，参考和引用了俞伟江、谢庆森、陈东祥、胡雨霞、梁朝昆、王亦敏、张海林等同志的专著、文章观点和图片，书中的大多数插图作品采用了我院学生课堂习作，力求使本书编写内容做到尽善尽美。我院的李丽老师为本书电脑效果图章节提供了包装ＣＡＤ资料，在此，对他们的支持和帮助深表谢意。鉴于本人学识和经验尚浅，书中难免有不足之处，期望各位设计界同仁和朋友们不吝赐教，批评指正，以便以后修订完善。

作者

2012年5月于株洲